日日事物

Yilan

叶怡兰————

著

Those
things
at
Home

叶怡兰
的用物学

贵州科技出版社

自序

见物重又是物

"一直想为家里这许多物件的身世来由，一一写点文字立个传。""因为，这一器一物一杯一盘一皿，都点滴反映了，我对'生活'的高度经营兴趣与追求渴望。"还记得 2000 年，我的第一本书：以器物和旅行、生活间的关联故事为主题的《Yilan's 幸福杂货铺》出版，回应读者们的进一步期待，我在文章里如是发愿。

但想是时候未到吧！那之后，我写食物食材，写茶写酒，写旅馆、旅行、生活甚至居家设计……却竟始终不曾回过头来，履行这曾经许下的承诺。

事实上那当口，原本自以为恋物的我，正处于从"见物是物"逐步过渡到"见物非物"的阶段。

其时，出乎自身的狂热求知欲，以及因空间设计与时尚杂志工作，加之四处仆仆行脚而缤纷开展的历练和眼界，已然好几年时间深深浸淫于物的世界里，执着痴迷、流连忘我……

没料到，却在全书即将付梓、提笔写序之际，再度一篇一篇检点、咀嚼书中文字，方才突地醒觉，我真正执恋的，也许非为物之本身，而是物件背后所开展的，关乎生活、关乎享乐的世界：

"因为迷恋着茶，恋着茶的学问、茶的滋味、喝茶时的气氛，所以迷恋茶具；因为着迷于咖啡的香气、煮咖啡时的专注心情，所以着迷于搜集咖啡壶；因为渴望自然、渴望视觉与心灵的澄静，所以，对藤的、木的、石的、草的、带有最原始最朴素材质与颜色的器物，格外无法抗拒……"自序中，我如是坦白招认。

这一悟，视角就此改变。我停下了对物本身的搜罗追索，物是载具，盛装此中的食物、茶饮与生活，才是我的真正所欲所求所望。

之后，在这样的思维下，选物见物，我只从最本质最根本角度着眼，一如书里文字的反复强调：贴近功能贴近需求，实用耐用，才是器物的真正恒长价值所在。

于是，曾经高张的物欲就这么一点一点淡去了，家里物件的增加速度刹那变慢，用不上用不着不合用不想用的东西也变多了，甚至还为此趁数年前小宅全面翻修之机全盘梳理检讨，而后，在自己店内办了跳蚤市集一口气舍去大半……

然后发现，在这过程里，与器物间的相处，遂再不同昔往。

这些细细汰选而出、硕果仅存的器物们，一件一件，都和我的日常饮食日常生活紧密相伴相系，年年月月日日朝夕频繁摩挲抚触相依；每一物事，在我的人生里生命里，都有了各自的立足位置、故事和意义。

曾经从物上转移到物象背后之饮、食、生活与享乐的眼光与关爱，就这么因着物我间情恋情致的越深，又再次凝聚到物之本体上。

于是，二十年岁月悠悠而过，生活与心境流转，一个圈子兜转，观照与书写角度遂再度投注于物。

见山又是山，或说，见物重又是物。此刻咀嚼，还真是这样的转折心情，成为《日日物事》此系列书写缘起。

而写作过程中，渐渐接触到越来越多来自读者的发问，其中颇多关于我的见物选物观点、哲学与美学由来何处。

这一细思才察觉，有趣的是，完全没有美术艺术工艺背景，且自认连绘画与手作天分皆极度匮乏的我，看待与思索器物、设计和美，初始之根本原点以至日后的点滴滋养，先得归因于从小到大的阅读。

在 2016 年出版的著作《家的模样》里也提到，自小学一路沉迷到大学、一遍一遍反复阅读的《红楼梦》，开启了我对园林而后建筑、空间和生活之美之境的热情憧憬和兴趣；从中延伸而出的各种相关主题、不同领域追读，更深深影响了我看世界看生活甚至看人生的方式和视角。

以此为根基，继之在各国各地迢迢旅行中更辽阔窥看，而后在生活里不停身体力行。

这其中，东西两种不同方向的涉猎明显惠我最多。

首先是发轫于20世纪初、影响西方当代设计美学至巨的现代主义思维，对"装饰"的彻底反思，对实用与功能与简约的高举；"形随功能生"，将器物的生成目的与存在意义踏实回归到最根本，成为我之觅物观物的核心。

同时间，因着隐于《红楼梦》中的禅学思考，引我进一步触及日本的茶道哲学——虽说不耐跪坐的我，一次也不曾动念想学茶道，却极爱读茶道书、闻见茶道事。所因而一步踏入的形上"侘寂之境"，让我得以在现代主义纯然理性的"简"之外，更开阔也更深刻观照，简与繁、有与无、生与灭、多与少、加与减、美与瑕、素朴与丰富、人为与自然、当下与恒长间……非为二元是非对立，而是相生相共相交融交映的关联关系。

还有，同在日本传统美学脉络下，因应时代变迁而生的，由柳宗悦、滨田庄司、河井宽次郎等人所提出的"民艺"理论，强烈主张"用即美"：自常民百姓生活、市井匠作里孕生的日常之器，才能美得最端庄最强壮最恒长也最贴近，让我深有共鸣，信仰奉行至今。

对此，我总认为，相较于东西方其他先进国家来，即使近百年工业化量产化浪潮狂袭，日本还能拥有为数极高的手作常民日用器皿在市面上流通，并持续被产出、爱用，是柳宗悦等民艺大家为这国度甚至这世界所留下的珍贵礼物。因之成为我的居家器物来源大宗，更启发了我对本地器物本地美学的好奇与追寻。

然后是柳宗悦之子柳宗理，我眼中成功将由来西方的现代主义设计训练与日本民艺精神完美结合一体的设计大师。从相关著作的捧读，到厨房里餐桌上长年操持使用他的作品，教会我扎实体察、明辨，究竟何为"真正的设计"。

除此之外，当然还有更多文学的历史的食物的风土自然的阅读、走踏、领会、思省，涵养涵泳了我对这世界种种美好与复杂的理解、对世事人事的了然和洞察，促使我在人与物间的彼此连结和牵绊，在得与舍、欲与无欲、淡泊与热情、放怀与执着之间，得能努力修习、保持静定和清明……

　　岁月流转、生活在走，年年月月季季日日，这终究见物重又是物的物我之遇之缘之情之系，还在持续。

目录
contents

Chapter One

食之器

Chapter Two

饮之器

Chapter Three

厨之器

Chapter Four

日用之器

物用即美
——我的器物心法

器物是构筑美好生活的础石。 合心上手之物，不仅能让日常作息舒坦顺畅，还能多添滋味和情致。

量力而为。 人与物缘分无常，遂而，日用之器，平易平实、能力心力可及可负担为好，相处起来才能随心所欲、洒脱自在。

我会爱你很久吗？ ——买下、留下每一件器物之前，必然如是自问。非得再三确定真正需要、非有不可、得能派上用场才肯带它回家；这相守，才能真正久长。

形随功能生。 器物的存在意义，在于"解决问题，响应需求"，让生活更方便舒适更从容优雅愉悦，才是唯一价值；无法真正走入、融入生活里，只能一时短暂愉悦，最终必遭厌腻扬弃。

少即是多，足够就好。 人所需要的，其实远比拥有的、想要的少得多了。物件人多，徒使自己目盲意乱心忙；少而精，才有余裕和每一件久久温存出绵密的默契和情感。

简单，不简单。 这世界已经太喧嚣太复杂，那么，就让器物简单吧！身边周遭所处所见所用越是单纯简净，心绪便越能沉淀清明，更多关于本质的、真淳的美好，才能清晰浮现。

物法自然。木、藤、草、竹、棉、麻、陶、石……越是自然材质，越能温暖温厚、质朴谦逊、水乳交融于居家里生活里；还能随岁月之摩挲积累，而越见润泽情长。

不成对不成套。器物之海太浩瀚，金钱心力与时间空间却太有限，为能多样拥有，早习惯一只一只、绝不成套采买；久而久之，反越觉丰富有变化。

复合多工无益，但单一专用也不见得好。合多重用途于一身之器看似划算便利，实则样样通、样样松，但用途太狭隘专一却也往往太设限；反不若老老实实、不要花招不玩创意之基本基础器用工具，才最实在。

不设限、不拘泥。器物之用宜灵活开阔、尽其在我，不一定非得本来用途不可；日常里不断咀嚼玩味，琢磨出独属自己、独属每一件器物的适性适用之道，一乐也。

交映与交融。摆盘摆桌，喜欢"错开"——餐具本身绝不重复，颜色、图案、材质力求不同，形状、甚至高矮深浅也互异，相对互映，自成意趣意境。

老的好。从来每添一物，都宛若盟誓一样，唯愿终身携手为伴。只因越是旧物旧相识，越能让人完完全全熟稔熟悉、安顿安定，无犹疑无挂碍，彻底专注食饮里生活里。人与物之乐之缘之情之系，正在于此。

食之器

我是直纹"控"

虽说为求变化且广兼博爱多样拥有,咱家餐具采买原则,不仅从来不成双不成套,且形状样貌还力求多端。但事实上,因个人非理性癖好,有一种图案,却是压倒性稳占多数——是的,在此承认,我是不折不扣直纹"控",尤其白底青花直纹图案,更是上上最爱。

爱悦之深,每与直纹器皿相遇,明明其余可挑花色不少,却还是忍不住另眼相看,顾不得心内警铃大作:"直纹已经太多,该换一换了吧……"十之八九仍是理智难敌情感,冲动下手带它回家。

弄得餐具柜餐具抽屉里一眼望去,杯盘碗碟钵皿半数以上全是它;日常三餐拿取,若一时轻忽忘了留心区隔避开,便往往一桌子同花,望之失笑。

但好在是,青花直纹世界里,其实风貌十足缤纷。光是粗细、疏密、颜色、质地、以至纹案变换,便能幻化交织成千姿百态,目不暇给,叫人加倍耽溺入迷;还因此理直气壮得着借口——真的每一只都不同,自可以安安心心继续添购下去。

对我而言,直纹之美,在于那奇妙的,既利落秩序、凝然静定,却又蕴藏着悠悠绵长的余韵。比纷飞流动的具象花草动物以至抽象的几何来得简约,也比纯然单色活泼丰富。

简单与不简单之间，正是我在器物器皿上的一贯追求。且较之横纹的左右两向丰腴伸展，又多几分修长劲拔的清明清瘦感；和茶饮和食物配搭，则不争锋不强出头、和合和谐恰如其分，深得我心。

而长年浸淫直纹世界里，越来越觉得，相较于西方直纹的明快直率、本地竹篱纹的憨厚朴实气，来自日本的直纹，显然最丰硕最多表情，自古至今名作杰作令人一见钟情之作无可计数。

日本的直纹餐具多半有个好听名字："十草"。此词原出自蕨类植物"木贼"，外观细细长长、连排整齐挺立，正是直纹模样，因日文读音"とくさ"相同而转称"十草"。随形貌不同，还有进一步分类称呼：比方若条纹细致细密，称"千筋"；若粗细交错，则称"麦藁手"。光名字便令人悠然神往、浮想联翩。

后来，还偶然在《京都の平熱》一书中，看到作者鹫田清一转述日本美学家九鬼周造对直纹图案的诠释："永远不会交会在一起的平行直纹，就好像彼此吸引但绝不凑在一起的异性之间的紧张关系。也就是说展现出了一种充满风情的媚态，又或者是一种下定决心绝不紧贴、绝不死心眼的心性跟绝念的境地……"

果是对直纹有透彻理解和热爱的国度，为直纹之曼妙迷魅下了另番浪漫批注。

家中各式直纹餐具

热带风土，
冲绳陶器

明明已经连续三年三度造访冲绳，却依然时刻心中满怀念想——曾经确信这世上除了台湾，我最喜欢的地方当非京都莫属；然而邂逅冲绳后，这自以为坚定的执念，却开始悄悄动摇。

是的。京都于我而言，是仿佛前世的原乡，那城市的一切，完完全全体现了所有我对美的追求与信仰；然这冲绳之爱，却缘于今世的仿佛熟稔与始终盼能圆全的企望……

冲绳，太像台湾了！

近在咫尺、风土几乎全然一致，从艳阳的光泽、空气的质地，食材种类、食物味道，以至房舍街道形貌都如此相似；明明异国、却又不尽然真如异地，遂分外留恋神往。

然而几次旅行下来，却也多多少少掺杂了些许复杂眼光和心绪。

不无欣羡的是，那儿的人，活得比我们更像热带海岛子民。相较于台湾，冲绳无疑比我们更与海洋紧密连结，美感性格上也来得更洒脱热情。

尤其冲绳陶器。每一回都忍不住在各个相关所在流连不去，包括本地"壶屋烧"起源地的壶屋通，以及北迁后陶艺工坊云集的读谷村一带。

1. 冲绳陶器工房壹
2. 冲绳一翠窑
3. 冲绳室生窑
4. 冲绳北窑

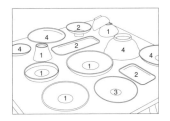

和日本本土陶器的或侘寂婉约或精巧细腻非常不同，冲绳陶器，特别是食器餐皿类别，质地与体量近似台湾古早餐具，大多极沉实、散发敦厚朴拙之气；颜色图案却鲜妍活泼，颇多抽象描染，即使具象如花草虫鱼，形貌笔触也往往一派率意不羁。

形式、价位与身段则始终坚守日用陶器之平易近人风范，无怪乎深受柳宗悦、滨田庄司等民艺巨匠推崇爱用。

而原本在器物上一意偏好内敛低调之风的我，初相识之际，对这大刺刺的缤纷虽难免有些不惯；但渐渐地，深藏内心的南岛身世血缘一点一点被触动，竟就这么慢慢沉迷：

稳居经典地位的北窑各大家、简约利落路线的陶器工房壹、妩媚中流露些许时髦感的一翠窑、雄浑大胆的室生窑……逐步蔚成餐具柜里虽不算庞大，却也颇具分量的一系。

尤其陶器工房壹，最著名的染付系列，形体复古中透着些许现代气息，暖白底色上粗笔勾勒出钴蓝线条，松叶、蕨草、线、水玉——是我最喜欢的简雅青花纹案，却又流露冲绳特有的写意奔放，一见就钟情。

最近一趟造访，和工房主人壹歧幸二聊起，这青花的似显含蓄，莫非是受日本本土风格影响？"不不不，这可完完全全从传统取材喔！"他一面连声强调，一面转身珍重取出一只年代久远的古董小壶，壶身纹绘颇不同于常见的赤青蓝褐交织，简简单单大笔蓝纹勾画、浑朴力道十足……果然原原本本由来本地，更加倾心。

过去现在，
北欧之爱

迷上北欧设计，始自 2000 年的一趟丹麦哥本哈根之旅。在那之前，工作上生活里虽有接触，素好简约如我，也确实喜爱那静净无华风致；但却是直到来到当地，实际浸淫于那单纯素朴、专注踏实生活本身的氛围里，方就此全心折服。

或许是北国寒冷严酷环境条件所造就的务实与冷静性格使然，北欧的设计，不管是建筑、家具、器物，相较于其他西方国家来，分外流露着一股理性而坚定的内涵与气韵。

这样清明若定的自信，特别迈入 20 世纪后，更益发展露无遗——仿佛一跨过古典与现代主义之交后，便顿时了然人之居家与生活的真正渴望与合适的风格与美之所在，遂能无视潮流的往复起伏冲刷，从此立定脚步，再不摆荡游移了。

所以，近百年来，许多以今日眼光看来极是实用妥帖、且还散发些许摩登时髦气息的作品，略一细究，不少都是已然六七十岁龄以上的作品，委实令人感佩惊异。

遂而，自那时候起，北欧设计在我家渐渐占有一席之地……大师设计家具较难高攀，至今只得平民百姓级之 IKEA 扶手椅一张而已，主要还是集中于餐具；且虽因东西方生活和饮食方式的差异，整体占比和依赖度较之日本和本土器物来难免稍逊，但已属相对庞大的一支。

而也因着眼于设计，迥异于日本，颇多为民艺工艺品，几乎皆出身知名品牌旗下。

这其中，数量最多者，当非 Royal Copenhagen 莫属。说来奇妙，因个性不爱繁复华丽，和皇室古典餐瓷向来保持距离，然 Royal Copenhagen 却是例外：纯正北欧血统，使之比起西欧品牌来原就显得低调简雅。

进入现代后，更是急步紧追当代北欧风尚，不仅推出颜色造型极简、细节却颇多巧思的 Ole 系列；传承两百多年的唐草、蓝花系列更陆续推陈出新，发展出更简练利落的纹案，今与古、西与东，在这蓝草蓝花纹样里交会联系，青花"控"如我，哪里抵挡得了这魅力。

隶属同集团的 Georg Jensen 虽为银饰与银器品牌，但和 Royal Copenhagen 一样，在生活家品部分极能与时俱进，尤以不锈钢系列最为杰出；其中，最爱是生平故事宛若一页传奇的女性设计师 Vivianna Torun 的作品，尤其她的茶匙，一凹陷一隆起、角度微妙的握柄与匙尖，手持、挖起与入口触感绝佳，每回使用都觉贴心。

Iittala，诞生于芬兰的玻璃工坊，一步步壮大后，逐步并购脍炙人口的本地品牌如 Arabia、BodaNova、Hoganas Keramik、Rorstrand，阵容越见坚强，如

Ego 咖啡杯、Aarne 系列酒杯、Citterio 98 的刀叉匙，同为典型北欧路数之简中见韵致，都是陪伴我数十年至今的食饮伙伴。

其余，同出丹麦，形体帅气利落的不锈钢品牌 Stelton，餐具品牌 Rosendahl 中最经典、仅仅是盘缘碗缘几点微痕便生无穷韵致的 Grand Cru 系列，以及在咖啡冲煮上惠我良多的 Bodum……同样均是足能跨越时间的锤炼、空间的藩篱的隽永之作，一一尽成丰富我的日常餐桌的迷人北欧风景。

1. Royal Copenhagen
2. Royal Copenhagen（Ole 系列）
3. Rosendahl（Grand Cru 系列）
4. Iittala（Ego）
5. Georg Jensen（Vivianna Torun 作品）
6. Bodum
7. Iittala（Citterio 98）
8. Stelton
9. Iittala（Aarne 系列）

不成套不成对，
饭碗

　　写作此文前，因拍照需要，一股脑将厨台里的饭碗全数取出摆上餐桌，这才发现，原来我竟然有这么多的饭碗！

　　习惯天天在脸书（Facebook）、IG（Instagram）或微博关注我的家常餐桌的朋友应该早就发现，虽是两人同桌吃饭，但我家的饭碗却极少成对。当然非为日本常见的一大一小、最多颜色有别的所谓夫妻碗，而是真的从样式长相甚至材质都截然互异。

　　是的。出乎一向以来的喜好与习惯，在有限预算与空间前提下，为了能够多样拥有，我的餐具杯具从来极少成组成套，尤其饭碗，也定然一只一只分开采买，无论如何就是不肯一样。

　　因此，多年下来，就这么累积了各种不同饭碗。形式有大有小、有圆有锥、有高有矮、有胖有瘦、有窄有阔，有的一任浑圆、有的碗口外翻，有的光滑亮洁、有的略带迷人粗糙手感，材质则瓷、陶、木器均备。

　　来源因器物本身的血缘关系，全数来自以米为主食、自古以来习惯使用饭碗的东亚、东南亚国家。

　　虽时下不乏西方餐具品牌因应亚洲市场也有饭碗出品，但不知为何，目前所见，从尺度、形体、角度到手感，总显得有些尴尬僵硬；特别是经常少了底部的圈足或

1. 本地的碗
2. 日本的碗
3. 韩国的碗
4. 越南的碗
5. 泰国的碗

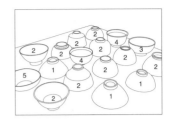

即使有却明显高度不足、难以握持，看着总有一种说不上来的隔靴搔痒般的违和感，怎么样都不合意。

而不同产地的饭碗，也各见风姿情调。本地的碗，钟爱的是复刻古早碗：沉甸甸厚实体量，略带拙趣的幽蓝镶边，碗身缀以手绘或打印的葡萄、金针、竹篱图案，气韵憨厚朴雅，还多几分人亲土亲的熟稔熟悉，深得我心。

越南、柬埔寨的碗，则与前述仿佛兄弟姊妹般的神似，同样流露着令人安心的扎实敦厚气，却是嫣红釉色、花朵虫鱼纹绘飞舞，更多几分妩媚。

日本的无疑最多元，也是目前所藏占比最高的碗。随产地、窑元、工坊、制作者、陶瓷或木器而形貌纷呈互异；却也是一众碗里最显细腻精巧的一类，含蓄娴雅、润泽生光，看着用着总觉心里安静。独冲绳是小小例外，想是出乎南国血统缘故，分外散发几许放犷不羁。

只只个个不同的趣味，在于自可以纵情活泼配搭，横竖餐盘汤碗已然热热闹闹形色款式各自为政，饭碗当然也跟着放肆缤纷：或高或矮或胖或瘦，或大或小或窄或阔或圆或锥，或陶或瓷或木，或白或褐或青或红……交互轮替穿插、两两捉对登场，日日餐餐都有崭新心情味道，其乐无穷。

玩得搭得任性，遂难免越嫌不足，总常想着添新。这会儿一桌子排开，方才惊觉似乎有些贪婪太过，看来日后得稍微节制些才是。

冲绳陶器工房壹

比起西方品牌的饭碗來，來自以米为主食的东亚一带的碗，明显更适切合用。

难得缤纷，
"碗公"

大爱汤面。不管任何形式汤面都喜欢，一大碗汤鲜面弹料上选，热腾腾香喷喷下肚，冬天周身暖热，夏天大汗淋漓，痛快过瘾，满足无比。

美味须得美器相辉，故而，长年对尺寸硕大、宜于汤面的碗——我爱以"碗公"这般听来便觉敦厚大肚之词称呼它——总是另眼相看，时常分心留意，有没有合适的"碗公"可以带回家。

只不过，寻寻觅觅多年，真正合心合意的却不多。首先难在尺寸，务求一人分量满装后刚刚恰好八分高度，太小不够用，太大则空落落少了些丰盛澎湃气势，都不合格。

然后是器型，定要中式规格，上开阔中浑圆下略收、碗缘如帽般略略外翻，能将面、汤、料以完美角度比例大气包容同时展现，无论盛装哪种汤面都好看，吃起来也舒坦。

相比之下，另种偏日式传统风格的瘦高筒型面碗则无疑内敛含蓄许多，用于清汤乌龙面、荞麦面、素面等清淡润雅和风面食虽合衬，但若是中式汤面就难免有点儿不够豪爽。

虽说如此，有趣的是，目前手上惯用这几只却还是出身日本为多，应是较偏拉

1. 天下一筑后窑
2. 树ノ音工房
3. 西海陶器
4. 中川政七商店
5. 食光碗公

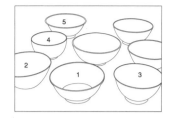

面碗型，可算中日混融吧！

还有颜色纹案。虽在器皿上向来偏好素雅，但逢到"碗公"，毕竟装盛的是酣畅之食，遂希望能再多有些分明面目个性。因此，较之其余餐具来，咱家这一众"碗公"似乎稍微更活泼显眼甚至缤纷。

比方最是繁花满布，也是跟我最久、最得读者们喜爱，每回一现身便博得四方称赞这只，来自"美浓烧"之天下一筑后窑……窑名与样貌看似气派斑斓，其实纯然出身市井——是早年旅行横滨时，在中华街一小小街边杂货铺偶然瞄见，当时虽觉有些过于华丽，出乎应景与纪念心情买下，却因造型尺度均恰到好处，至今二十年，仍然依赖爱用，且还越看越顺眼。

碗外点点"水玉"与碗内花朵蝴蝶飞舞这两只，前者出处已不复记忆，后者则为会津"本乡烧"的树ノ音工房之作，同为我的器物中较少见的可爱路线，然深棕釉色与粗糙质感，多了些稳重沉着风致。

大大向日葵花这只，出自近年越看越对眼的冲绳读谷，和日本本岛各窑气韵大不同，一派热带岛屿的热烈奔放不羁，朴厚质地更与地缘风土相近的本地器物有几分类似，分外亲切共鸣。

宜于汤面的"碗公"

应无所住而生其心，
汤碗

　　长期于社交平台上收看我日日分享三餐的朋友，应该多多少少留意到，我的晚餐十之八九定然有汤——是的，从小爱喝汤。生来一副东方肚肠，不仅不可一日无饭，无论春秋冬夏、天热天寒，若餐桌上无汤，便觉怅然若失惶惶不安。

　　因此，翻开前本著作《日日三餐，早·午·晚》，占比最高的"晚"这一章，超过 150 页数，扣除西菜，其余形式几乎千篇一律：最多是两菜一汤一饭，其次是一菜一汤一炊饭、一锅一菜一饭、一锅一饭……顿顿必有汤为伴。

　　也因工作无比忙碌，常日下厨最是求快求简，往往花不到四十分钟、三两下就开饭。遂而，那些须得经久熬煲的慢炖汤品如排骨汤、鸡汤等极少出现。除了素来颇爱、合汤与菜为一的懒人锅料理外，最多是以预先备存鸡高汤、大骨汤或可容速成的日式昆布柴鱼高汤为底，细切蔬菜下锅，几分钟涮熟就可上桌。而如西红柿汤、味噌汤等可以快手入味汤品更是每隔几天就登场。

　　然有趣的是，虽坚持餐餐有汤，但因习惯以酒佐餐，所饮汤量却不多，浅饮即止，足够暖胃暖心就好。

　　汤量少，汤碗遂也不宜大，容量 300~400 mL，两人共享刚刚恰好——不知是否因这尺寸较为罕见，竟成我的一众餐具里特别麻烦的一类：

1. PEKOE 复古饮食器
2. Bat Trang
3. Wonki Ware
4. 冲绳北窑

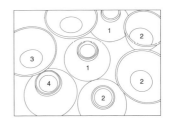

从来挑剔刁钻脾性，光是样貌纹案看对眼已经很不容易，再估量形状大小似乎还行，兴冲冲带回家后，汤一入碗，却常常显得过大，连汤带料只装得六七分满、煞是空落凄凉，只得憾恨挪为他用。

一路屡战屡败，比前文中曾经抱怨好碗难寻的汤面碗来，明显更费周章。

而说来奇妙，目前所拥、较合心意者，竟大多都是无心之得——一眼相中之际，心里所想非为装汤，而是他用，反而就这么恰恰合衬。

比方购自越南，花纹一蓝一红一青红、身形一高瘦二敦矮的三只，来自越南河内近郊的 Bat Trang 陶瓷村。当时，终于来到早想一探究竟的地方，遂也不曾多想，但觉足够独特有风致便随手买下，回来后才发现形貌虽各异，却正正都是理想汤碗。

竹篱与金针图案的两只复古台湾碗，其实原本是我日常惯用爱用的干拌面与盖饭碗，没料到装汤也极好，只好辛苦它们多多频繁担纲。

购自冲绳北窑、蓝绿釉绘粗犷率意这只，原也是为了干拌面而买，以为盛汤可能略大，结果竟与料多汤品颇和合。伦敦偶然邂逅的南非品牌 Wonki Ware，炭笔素描般的花纹很有味道，虽是千山万水之遥远国度出品，与台味餐桌竟能和谐交融。

"应无所住而生其心"——由来自《金刚经》的智慧话语，用以形容我与汤碗们的遇合过程还真贴切；不有执念执着、心无所住，随缘而走方能得……人与物之缘之遇，我想就是如此吧！

不圆的盘之必要

自从开始在社交平台分享我的一日三餐后，多年来影响回响无数。其中，和网友的交流对话里，被问到、提及最多的，除了"这道菜怎么煮"，就是有关餐具摆盘的问题了。

事实上，和大家的想象不同，我的餐具收藏其实一点不算多；特别2013年小宅重新翻修、痛快舍离大半后更是精简，一个中岛厨台大抽屉便大致收容完毕。

盛盘摆放与搭配更谈不上什么费心讲究，几乎都是菜肴即将离锅瞬间，顺手拉开抽屉随意一个张望，看中哪个就抓哪个上场。

所以，每有媒体问我，是否有什么餐桌布置哲学，总让我一时语塞，但若要说全凭直觉似乎也不尽然……久而久之慢慢留心自我观察归纳，这才发觉，好像还真有那么一套习惯章法——我称之为"错开式"摆盘法。

首先是，餐具本身绝不重复。

出乎向来习惯、财力与居家面积均有限的情况下，为能广兼博爱、多样拥有，遂而不管杯盘碗碟，一律是一只一只、而非一套套采买。因此在咱家，如家饰杂志里那般全套餐具声势浩大气派亮相，是永远也不可能出现的画面，反是个个模样长相各行其是，热热闹闹。

1. 有田制窑
2. 矢岛操
3. 陶房青
4. 和田窑
5. 美浓烧
6. 4th-market
7. 安达窑
8. 土耳其手绘盘
9. Bat Trang

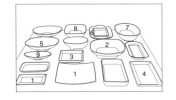

但说也奇怪，也许因向来偏好单纯低调简净风格，遂而，形貌样式不统一，却很少发生彼此扞格不搭的状况。反是为求变化，每回盛盘上桌、选择餐具之际，在留意彼此协调性之外，还会再更"错开"：

不仅和菜色自成对比以能凸显；餐具彼此间，除颜色、图案、材质力求不同，最要紧是形状、甚至高矮深浅也互异。

——是的。我总常下意识地，避免餐桌上只有圆盘。

大大小小圆乎乎团团摆开，看似喜气讨巧，但总觉四平八稳少了点个性与味道。这中间，若能适度加入一二"不圆"的盘，不管是长方、正方、椭圆、长圆，都能让餐桌刹那变得活泼有生气。

且实际盛装，略偏长形的盘，不仅更能容纳形状颀长的菜肴，摆盘时也更能激荡出多变趣味和创意火花。

因此，在我的众餐具间，不圆的盘始终占有一定比例。餐具店餐具专柜里每有相遇，常忍不住多看几眼，若有投合者，相比圆盘，也更愿意掏腰包带它回家。

但当然对我而言，不圆的盘虽然必要，却非完全主角，整体数量仍然少于正统主流的圆盘。毕竟根据经验，整桌正方长方椭圆长圆，往往太显纷乱嘈杂，圆与不圆，还是相互携手衬搭较好。

只不过，不圆的盘越来越多，另一小小困扰是，比圆盘更占位置、难以堆叠收纳。为省空间，许多只好盘隙间直立存放，颇费周章……这烦恼，若谁有解决之道，还请慨然分享一下！

田森陶园

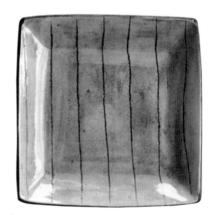

冲绳 Atelier gucchane

西式汤盘不装汤

我的饮食喜好虽说极是博爱，然因生就一副东方肚肠，常日三餐看似混融，但细究其中神髓，仍以家常菜甚至日菜为主体，兼容些许韩印泰等亚洲风，西菜只偶一为之配搭。因此，家中器皿也以本地和日本的为大宗，西式餐具相对比例略低。

然有那么一类，却是血统由来西方者较占多数——那是，汤盘。

此类餐盘一般直径21~23 cm，中间下凹，深度3~4 cm，盘缘或平或斜，在西餐里可算常见基本器形。

虽称"汤盘"，但用途极是宽广：清汤浓汤以外，也常用以盛装带汤汁的沙拉前菜主菜甜点；各式意大利面点面饺更是少不了它，因深度足够，能容多量酱汁外，卷、叉、挖取面条极是顺手方便，许多甚至直接以"意大利面盘"称之。尤其近年西菜盛盘形式益发创意多样不拘泥，汤品常改以碗或钵或锅、盅盛放，反而越来越少见汤盘装汤。

在我家也是一样。亚洲习惯，喝汤定要热腾腾烫口才够畅暖，遂总嫌汤盘太阔太敞，薄薄一层没喝几口就凉掉，即使煮了西式汤也只肯用碗装，汤盘照理全派不上用场。

但因为酷爱意大利面，执恋之深，几乎一两周便烹煮享用一次，可算咱家最频

1. ASA
2. KAHLA
3. SELETTI
4. 罗翌慎作品
5. 中田窑
6. 美浓烧
7. 土耳其手绘盘

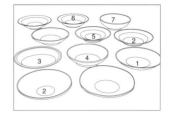

繁登场的西式菜肴，遂自然而然经常留意采买汤盘……嗯，我是说意大利面盘。

特别数量多了，渐渐发现，此类盘形远比想象中多用，不只西菜，其他类别菜肴也颇合用：

比方炒面炒米粉炒饭烩饭，不管大小形状都比平盘合衬妥帖太多，连本来多以"碗公"装的干拌面都偶尔捞过界，更添几分变化；和咖喱饭更是天造地设，咖喱酱与白米糙米饭盘里并肩携手，既能各安其位又能和谐交融。

淀粉类主食之外，就连汁水较多的家常菜肴，例如烧豆腐、炖卤蔬菜与肉类，或是较显松碎的菜肴如炒肉末等，也大可靠它。

且这西盘东用，美感上视觉上还能为寻常餐桌风景注入些许活泼新意，趣味多多。

目前手中所拥汤盘，若没记错，最早来家的是德国 ASA 这只，盘底简简单单三片绿叶，简约宜人；然用着用着却略觉不足，于是察觉，纹案只在盘底，一旦盛了多量面饭便全数遮掉，结果与白盘无异，似乎少了些味道。因而就此醒悟，日后选盘都尽量在此方面多些留心。

用来装意大利面的黑色陶盘

同样来自德国的 KAHLA 则是另一个极端，盘边一圆深蓝粗笔涂绘，既写意又大气，非常抢眼——只是有时夺目太过，和其他餐具一起上桌，搭配上得少许费点心思以免流于喧哗，不若同品牌另一只纯白刻纹 Centuries 系列娴静雅致。

意大利的 SELETTI 白盘则是意外之得，此牌大部分设计对我而言都稍嫌炫目，唯独这只白盘，盘缘宛若塑料盘般皱褶，素朴净白中透着风趣。一派稚拙手工感这只则购自某欧洲乡村风杂货店，素来不爱此风的我，纯粹出乎直觉随手买下，没料到用起来却极出色，不管装什么都好看。

欧洲品牌之外，日本和本地出品虽属少数，却也同受钟爱。近年新欢是陶艺家罗翌慎的黑色陶盘，釉色浑朴中透着幽幽微锈金属般的润光，韵致别具，与色泽鲜亮明媚的食物特搭。

冈山 T POTTERY

如画。
圆平盘

年少时爱翻国外居家杂志,有那么一类画面,每常让我停下目光:大大一面墙上,挂满了各色大大小小、多样纷呈的圆平盘,总让我一只一只端详再三,留恋神往。

然有趣的是,虽然曾经憧憬,甚至长大了、拥有自己的住处后,也曾尝试买下一二专做此用途的挂架,但我却始终不曾真正将任何一只盘子高挂上墙,依然只让它们在餐桌上、厨房里亮相。

原因一来,现实情况是,小宅空间局促,根本没有多余墙面容得这般挥霍;更重要的是,对器物的看法越来越务实踏实——用即美,生活里日日摩挲抚触使用,那徐徐温存凝练而出的情味情致,才是真正深刻恒长。

遂而在我家,纯装饰用途的物事相对极寡少,特别器皿,若非真正堪用合用,舍则定然不留,更别说一整墙平盘全挂在那儿光只为观赏……于是,纵有再多留恋憧憬,也就渐成淡去的旧日回忆了。

但因此生出的,对形色美丽圆平盘的好感,却从那时候起一直维持了下来。

平盘之美,在于平整开阔,遂宛若画布一样,纹案图绘都能朗朗呈现。用途上也极是宽广,各国各地东西四方、只要非为汤汁多的菜肴,几乎什么都能盛能装。故积累多年下来,自然而然蔚成家中各类盘皿中最是军容壮盛声势浩大一系,所占比例最高全是它。

　　尺寸也最多变化。从大若脸盆到小只一掌盈握，几乎各种直径都出现过，且奇妙的是，无论是何大小，若看对眼且尽管放胆备下，实际应用，大盘装大菜、西式主菜和配菜；中盘装各色中菜，特别热炒类菜肴最合衬，吃西菜时还可充当骨盘；小盘则装凉拌菜与点心……都能找到合适菜色让它们巧巧派上用场。

　　至于形制，平心而论，还是经典传统，稍有一点盘缘、一点圈足，面面俱到刚刚恰好最稳当——那些玩创意耍花招，全只是视觉上看着帅看着爽：比方平整太过、少了些深度与高度、甚至直接与桌面贴齐的，不仅不好拿不好放，还常汁液流溢，平添麻烦，一律画叉。

　　至于图案，如前文所说，既是最能表现纹绘之美的盘型，因此，虽一如向来在器物上的美感倾向，颜色样貌某种程度还是简约低调、抽象图纹为多，但因先天预期里已先把圆平盘当画布看，遂比起其余器形来，尺度似是更多些放宽。遇有绘笔突出意境优美的，即使略显缤纷或个性浓烈些，也愿欢欢喜喜接纳。

　　但久用下来却也越来越知晓，绝非一径抢眼夺目就行，毕竟还是家常日用、非为纯粹艺术品，还是有些眉角须得留心：

1. PEKOE 复古饮食器
2. 有田制窑
3. Arzberg
4. Alessi
5. 富邦艺术基金会作品
6. Propaganda
7. Marimekko
8. IKEA
9. G.O.D.

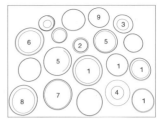

例如无论如何还是万不可繁复华丽太过，喧宾夺主压倒料理风采；此外，一如前篇聊过的汤盘，图案避免只在盘中央，稍侧些为好，以免一装盛菜肴便全数遮掉，与干巴巴一只白盘无异，再美也是徒劳。

水果皿，
与盅

可能已有不少读者从我的过往文字和餐桌分享里知晓，自小台南家里耳濡目染养成的习惯，饭后吃水果，一定切盘。

除了葡萄、荔枝、草莓等可以一口吃掉，其余，即使再难对付的水果，也绝不原颗啃咬，定然好好去皮去籽切块盛盘。

为此总有人笑，明明做菜最是贪懒偷工，怎么吃水果这么不怕麻烦……非也非也，对我来说，反是一整颗啃得咬得嘴酸牙累且还汁渣四溅难以收拾才叫麻烦，还不如先稍微费点功夫，厨房里分切处理了，干净利落盛装容器里，持叉悠然享用，才是真正方便舒坦。

也因日日餐餐都有水果切盘为伴，遂而水果盘水果皿水果盅也是咱家餐具里极是不可或缺责任重大的一项。

但此刻回想，有些惊讶的是，平时采买餐具之际，不知为何却从来不曾把这用途真正放在心上，眼里意识里全只为正餐所需搜罗设想。

然渐渐地，就有那么几只盘皿、碗盅，自然而然从那边厢跨界过来，开始频繁在餐后水果时间粉墨登场。

这些水果皿水果盅的第一共通点是，个头都不大。毕竟家里只两人吃饭，多了

1. 紫藤庐（蔡晓芳作品）
2. 冲绳一翠窑
3. THE MODERN JAPANISM（komon 系列）
4. 树ノ音工房

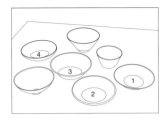

徒生负担，尤其坚持现切现吃、吃多少切多少，才够新鲜多汁味上乘。所以，约能容得一到两颗切开苹果或橙柑分量，刚刚恰好。

正圆造型占比最高——此点纯粹出乎情感因素，只因自小到大所见所用水果盘从来最多皆是圆形，遂除非偶尔与菜肴同时上桌、另有搭配考虑，否则不知不觉伸手所拿所选都是圆盘。

盘型深度足够，可将水果聚拢着堆高高，视觉上丰盛喜气讨巧且好叉好拿，遇有水分多的水果，即使略有摇晃也不怕外溢弄脏桌面。

若是莓果、葡萄等不需切分的小巧水果，则常以碗或盅盛放，尤爱开敞开阔碗缘与玻璃材质，满装后很是丰饶好看，且吃多少剩多少一目了然。

而检点此刻常用的这几件，年岁最老，来自茶艺馆"紫藤庐"，是年轻学茶时期所备。原本是用于盛放紫砂与红泥小壶的茶盘，形貌澹泊素雅，盘里一圆未上釉的"涩圈"，复刻自古早陶瓷器的"叠烧"痕迹，别有意趣，是当年我的心爱茶器之一。

后来，日常泡茶方式改变，极少再需要动用此类茶盘了，于是，就这么理所当然从茶具柜迁进餐具抽屉。且因这淡雅气质，不忍以浓油菜肴沾染，遂除凉拌菜和点心外，最常盛放的是各色餐后果品，简净清爽。

之后，接续加入行列的水果皿伙伴，形制遂也大多雷同：冲绳读谷一翠窑，是其历来作品里相对较显素朴的一只，然冲绳陶器那奔放率意个性依然款款流露。日本美浓烧 THE MODERN JAPANISM 的 komon 系列"麻の叶"小钵则是传统窑元的创新之作，黑白纹案大胆奔放，甚是夺目。会津本乡烧的树ノ音工房的粉引白小钵，以名为"缟"的手刨技法于盘里刻镂出细细条纹，让直纹"控"的我分外倾心。

小碟小皿乐趣多

很喜欢日本一种食器的命名："豆皿"。日本爱以"豆"形容小，如称小常识为"豆知识"；豆皿，顾名思义，小碟小皿也，但以"豆"为名，似乎更多了些灵动小巧气息，惹人多生几分怜爱。

据说此刻日本器物界，豆皿极受欢迎：一说是形制迷你，故即使名窑名家之作也能轻松拥有；二来现代都会生活，单身或两人家庭渐多，加之新一代饮食方式与喜好也渐趋少而多样，促使原本用以盛装酱料的豆皿渐渐转为菜皿，一时大行其道。

说来凑巧的是，长年来在我家，小碟小皿也同样多半非当酱料酱油碟，反是装盛菜肴与点心为多。

其实从小，酱油碟原是台南家中餐桌必备之器。府城家常庶民料理，白灼白切菜色颇多，蘸配酱料必不可少；且酱油和酱油膏习惯以糖调味，香甜甘润非常讨喜，许多人自小嗜食酱油膏："欸，是吃酱油膏配肉还是肉蘸酱油膏啊？"——每常见谁一片肉抹尽一碟酱，引来举桌打趣讪笑。

遂而几乎日日餐餐桌上总有一二酱油碟，若白灼菜当主角，甚至一人一碟不用争抢。

但素爱清淡原味如我，这几碟酱油却是少碰的，至多头一两筷试个味道，接着便不知不觉忘了它的存在。后来北上定居，全随己意打理三餐，就更用不上额外酱料了。

但这并不意味着对小碟小皿就此失了兴趣，更不曾因此在自家餐桌上绝迹，反是很快便发现，盛装酱料固然不常派上用场，但对付小分量料理点心却是刚刚恰好。

比方宵夜小酌时刻，一小块糕点、两三片饼干、几枚巧克力、一撮坚果，小小一皿，美味无负担。

最重头戏则是一两周就会吃上一回的清粥小菜，最喜欢以多样酱菜渍物配搭——这会儿，就不能光靠正常尺寸圆盘方盘撑场面了，反该各色小盘小皿出头担纲：巴掌大的盛酱瓜、笋干、肉松、萝卜干，小小不到五六厘米直径的则归咸度高、浅尝即止的豆腐乳、荫瓜、梅干。

而有趣的是，虽爱"豆皿"之名，但手边这些小盘小皿，日本血统占比却未如其他类别餐具来得高，出身亚洲其他地方也不少。特别小尺寸者，许多都非最常见的平碟，私心更偏爱深碟……其中有几枚甚至原本其实是功夫茶杯，看着形状开敞平阔，干脆移作豆皿，果然更上手合用。

原因在于，如豆腐乳、荫瓜、梅干等，都需以筷子剪夹取食，有略具弧度的碟

1. PEKOE 复古饮食器
2. 夏门生活
3. Bat Trang
4. studio m'
5. La merise（Atsuko Matano 作品）
6. 天下一筑后窑

缘屏挡，相对好施力得多，即使筷功笨拙，也不怕失手将菜肴推落桌面。当然，回归酱料碟功能，深碟也比浅平碟踏实稳当得多。

于是，一桌子有圆有方有高有低深深浅浅热热闹闹，碟皿虽小，依然丰盛富饶。

一桌子豆皿

简单为美，
筷子

　　始终认为，比起西方的刀叉来，筷子，毫无疑问是更轻巧优雅聪明的餐具——光只两支细棍，形状极度简单基本，功能却无比强大：只手盈握，便挑、剪、切、拌、推、拨、划、夹、铲、捞……无往不利，任何大小状态食物都能轻松对付。

　　有趣的是，也许是这太基本却也太完整强大的特质，餐具设计与工艺领域中，筷子无疑是最安静、变化最少的一类；长相千篇一律大同小异，最多换换材质、换换颜色图案，几乎数不出有过什么令人眼睛一亮的创意发挥，也说不上有哪些脍炙人口恒久流长的经典巨作。

　　——柳宗理大师便曾说它，本身已然完美俱足，再没有任何设计必要了。

　　但当然，随国度地域不同，筷子的长相还是有微妙差异。据我的粗浅观察，中国大陆与南洋筷头圆厚、筷身前后粗细较显一致，日本筷头尖细、筷身颇多顾瘦纤巧之作；本地大致介于二者之间，且渐渐越有往日本筷靠拢的趋势。

　　我自己呢，也确实私心偏爱尖端细巧的筷型，操持灵活利落，利于夹取小巧甚至滑溜滚圆食材；至于筷身，虽觉纤瘦者用来手感轻快，但遇沉重厚实菜肴，也偶有使不上力之感，遂还是中庸为佳。

　　筷体则爱四、六、八角远胜浑圆，好拿好握之外，置于筷架或盘碗上也安定稳

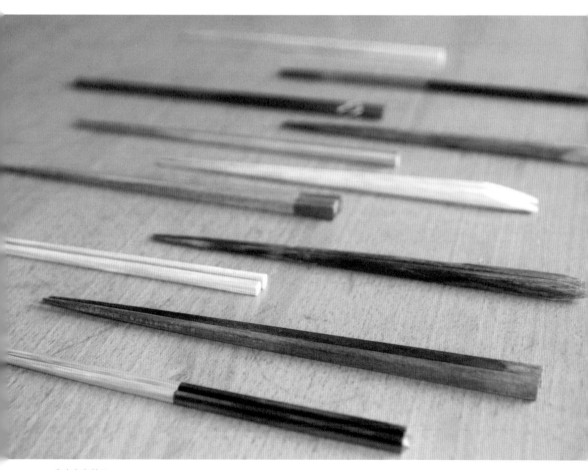

家中各色筷子

妥、不易打滑滚动。至于材质，从来独钟木筷或竹筷，温暖浑朴触感与润泽天然颜色，远非粗陋的塑料筷或冰冷滑手的金属筷能比。

颜色纹案，出乎一贯内敛低调的审美喜好，以及回归筷子的纯粹功能取向，越朴素越觉舒服好看。所以向来采买时总是下意识避开缤纷多彩筷，眼光只往单色、至多双色筷聚焦。当然也不爱亮闪闪的表面涂漆，经年使用下来逐渐斑驳沧桑，难能久长。

而说也奇妙，即使力持简单原则，多年来逐步添购，特别在日本旅行时分，每遇餐具杂货铺，便特别爱看筷子，且一如选择其他餐具习惯，喜欢一双两双、而非整把整套买，遂渐渐也累积了各形各款不同筷子。但随岁月轮转，却越来越发现，每到用餐时分，餐具抽屉一拉开，顺手抓出总常是最憨拙谦逊无华的原木、深黑色那几双……

细细琢磨才慢慢想通：毕竟餐桌上，各色菜肴再加上盘皿钵碗已够纷呈，置身此中、且定然缺它不可的筷子，反而越沉默沉着，越显存在感不凡。

果是独树一帜筷子美学，玩味不已。

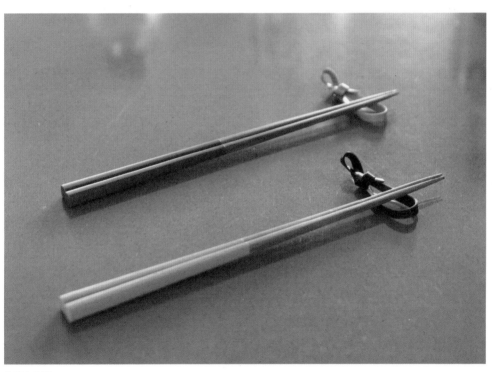

公长斋小菅

应更洒脱，
筷架

各种饮食器皿类别中，筷架，应可算是最晚才加入咱家餐桌行列的一项。理由有点可笑——因为，终于有了洗碗机了！在此之前，一来厨台晾晒空间有限，二来出乎家事平等分工理念，洗涤工作全由另一半一肩挑起，担心"洗碗公"负担太重心生埋怨，每餐动用工具始终能省就省、能兼就兼。

即使深觉确是当用之物，但毕竟也不是非有不可、没它就无法吃饭，遂都还是忍了下来……直到数年前居家全面翻修，厨房面积一口气增长为两倍大，欢欢喜喜迎了洗碗机进门。这下，长年顾虑压抑一扫而空，虽因素爱简约利落、依然审慎节制不让累赘无干多余器物上桌，但一偿多年悬念，最先启用的，就是筷架。

筷架此物常见于日本，称为"箸置き"，历史最早可一路追溯到平安时代。中国于南宋时期虽于宫廷宴饮中曾发展出"止箸"，但未成流风。

通行日本的原因，据说是因日本人将筷子视为神圣之物，长年流传各种各样多如牛毛的规矩和禁忌：比方筷尖不可朝前、只能平行置放近身处，不可翻搅菜肴，不可与他人共享，不可舔舐筷子等；特别忌讳将筷箸架于盘碗上，故使用筷架以方便置放。

但说真的，即使不谈礼仪问题，筷子安放筷架上，不与桌面或其他餐具碰触交

1. Dye's
2. 东屋
3. 西海陶器
4. AITO
5. JIA
6. 住好啲
7. La merise by Atsuko Matano

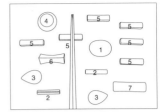

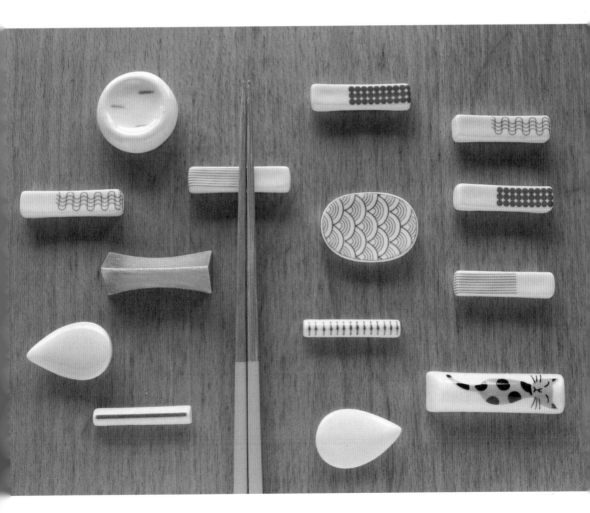

叠，显然干净爽朗不少。

既已开始使用，首要任务就是四处物色筷架。然而一如前面偶尔提及，随年岁增长，对新添器物越来越保守，几年下来累积数量不多，但好在也还足供日常使用。

添购速度迟缓的原因，一来出乎美感上的挑剔，说也奇怪，是物件小巧缘故吗？相较于其他餐具来，市面上筷架的颜色图案似乎鲜艳缤纷者居多，且常为可爱具象之蔬果动物造型——不仅和咱家餐桌氛围颇不搭，且照道理说，比起杯盘碗碟来，筷架可算配角中的配角，这么抢戏合适吗？

再从实用角度看，形貌奇特者往往也不够牢靠，常得费心"瞄准"，不然很容易打滑，从来功能至上的我更是瞧不上。连圆盘形都觉不够妥帖，还是规规矩矩细长形体最稳固稳当。

材质，因是直接碰触筷尖之物，遂独爱陶瓷的明亮光洁易清洗……讲到清洗，说来尴尬，由于筷架体积太小，放入洗碗机后常从网篮间隙滑落，到头来仍旧只能手洗，完全违背当初解禁初衷，但已然依赖成习，再回不了头了。

另一颇堪玩味的是，为了此回写文，将手边所拥一众筷架全数取出摊排开来拍照，当下一看不禁失笑，果然老毛病又犯，八成以上都是家中餐具素来占比最高的青花纹案。

　　回想过往曾在日本某料理生活家的文章里读到，说喜欢捡拾石头、树枝、珊瑚，甚至把新鲜的带壳花生、毛豆洗净当筷架，意趣满满……刹那萌生几分反省之心，似乎也该偶尔松松这顽固脾性，再多些洒脱自在才好。

基本款之为用

　　曾经，对所谓"基本款"生活品怀着复杂的恋慕和憧憬。那是很多很多年以前，拥有了自己的家、开始添购日用工具器皿家用品后，逐步萌生的渴望、或说焦虑心绪。

　　那当口，台湾生活与设计品位尚未真正普及，古早时代的优美民艺工艺也早已湮没消逝。青黄不接时刻，市面上充斥的，若非大规模量产的低廉俗艳物件，就是价昂不可攀的顶级进口品，对当时才刚成家、荷包不丰能力有限的我们来说委实伤神。

　　遂而，每到旅行时刻，总忍不住花上许多时间在家具餐具店流连，这里头，大师名匠之作固然惹人驻足，然较具平实气息的卖场却分外吸引我的目光：比方日本的无印良品，英国的 Coran Shop、Habitat，在这样的店里，俯拾尽是价格平实、造型颜色简简单单但好看别致，我昵称为"基本款"的家饰家用品。

　　素净的白瓷白陶餐具、模样敦厚的木头托盘或沙拉盆、玻璃花器、不锈钢调理盆、不上色不上漆的整打铅笔、草编或胚布锅垫杯垫收纳篮洗衣篮、朴实无华的衣夹锅垫漱口杯杂志盒马桶刷垃圾桶……当时，每每端详这些器皿器物，总抑不住满怀嫉妒憾恨——太平易太日常，行囊空间有限，无论如何没理由没气力也并不真的想整批打包回来，但却心知肚明一直寻觅的缺少的就是这些。

家里唯一的"基本款大军"

然后，岁月一点一点朝前迈进，不仅此类品牌、商场开始一个接一个进入台湾，本地设计与制造也慢慢萌芽。但说来奇妙的是，虽然满心欢喜庆幸，也真的即使非为有缺也常不知不觉信步走入，这儿摸摸那儿看看。

然而，却一点未如当年发愿："一旦唾手可得就全部带回家……"个中原因，当然是物欲淡了、也更谨慎了，太知道多拥有只是多生负担，宁愿一件一件慢慢琢磨，即使再平常不足道之物，也非得确定是天长地久之爱才愿入手。

遂而，太过基本，便多半入不了眼了，简约固是必然，但总希望简里还能再多点韵致味道才能恒久耐看。

因此，除了少数日用工具外，鲜少考虑基本款。特别餐具器皿，即使当年一度冲动买下，后来也多半都舍了——只有一桩例外：全套大同白瓷餐具。

只因对我而言，这由来意义不同一般。

那是，二十多年前结婚前夕，各样习俗礼仪上必须之物都大致备妥后，母亲问我，还有没有特别想要的东西？

刹那，心上浮现的是，高高供在客厅玻璃柜里，母亲的嫁妆之一：全套彩绘着枣红喜庆纹案的餐具。那是外婆的馈赠，中间蕴含的是，期盼有了自己的家庭的女儿，也要好好吃饭好好度日的祝福心意。

　　"我也要这个！"我对母亲说，但我不要任何华纹丽彩，常日器用，只要最最朴素单纯的就好。于是迎来这套、咱家里最是阵容整齐壮盛的基本款大军。

　　结果，一如前面所述，虽非如母亲的嫁妆般长年沉睡于橱柜里，但也只能偶尔穿插、无法日日餐餐频繁使用，然若有众多宾客同时来家，我那多年坚持的"不成套主义"顿然失灵告急之际，还真是大大派上用场。

　　每思及此都不禁莞尔，过去现在，基本款之为用，还真是咀嚼玩味不尽的课题哪！

日用之器，
平实为好

此书付梓前数月，我受邀参加莺歌陶瓷博物馆的年度大展"饮食物语——陶瓷器皿与文化的日常"中的"大家的餐桌"主题展，将我的日常餐桌器物与摆设搬至博物馆中展出。

展前数日，布展完成后，顺道参观了其他的展台，刹那不禁莞尔：相较其他参展者，我的餐桌器物不仅来源极是分歧，本地、日本、欧洲与东南亚各地均包括，且皆为平实日用之作——果然一问，所提出的展品价值总额也是最低。

颇能代表我的器物观。

是的。我之看待日常餐桌食饮器用向来绝不追高。那些价昂的珍稀的罕有的难能高攀的名器名物，从来总是欣羡远观就好；真正所欲所用，必然以能力心力可及可负担为前提。

只因相信，人与物间的情致，无论如何还是君子之交细水长流为好。

虽说出乎一贯坚持，宛若盟誓一样，每添一物，都定然再三确定是真正需要、非有不可，且愿能终身依恋、相伴相守，方才肯出手。

但即使如此，同样知道，人与物间的缘分其实无常，即使再多呵护怜惜，旧残损破依然难免。最重要的是，都是日日重度使用之器，非为收藏展示而存在；尤其

（图片提供／新北市立莺歌陶瓷博物馆）

本身也非容得纵情挥霍、得失全不放心上的富裕之家，胆识气魄俱不足，若昂贵太过，心有挂碍顾忌，相处起来绑手绑脚、无法真正洒脱放松，反而本末倒置了。

所以，早从一开始便为自己设下严格规定——年轻时阮囊不丰，以千元为门槛，等闲不轻易越份；现在宽裕些，标准稍微往上放宽，但还是习惯时时警醒，再三考虑为要。

遂而，从不避忌四处遍见的工业设计量产品，就算出自著名窑元或职人，也非为精雕细琢艺术品，而是简约浑然而就、甚至规格化半手工制作之朴实日用品。

虽然因此只得将不少暗自心仪憧憬的名匠艺作全屏挡门外，却渐渐发现，这样的持守，心胸与眼界似乎更宽广开阔：

不受价格名声感诱，更不为等级之高下贵平牵动，明白纯粹只从"用"与"悦"出发，确实好用、派得上用场且质感样貌能动我心，便欢欢喜喜纳为餐桌厨房伙伴。

特别多年下来，日日操持咀嚼，更越来越能懂得，在此原则下所拥所得的器物，自有一种迷人的踏实笃定之气。

一如日本民艺大家柳宗悦等人所经常高举的"无心""无事""莫造作"——因应常日所需、从"平易"中孕生，不求极致不求超越、不刻意雕琢造作；乍看或许平凡，却能在日日生活里点滴摩挲出温润自在、且与其余器物亲切和融的韵与美。

　　而这美，才是真正端庄强壮、恒长入心。

问名

儿时曾读过张晓风的一篇散文《问名》。她说："自始至终，我是一个喜欢问名的人。""也许有几分痴，特别是在旅行的时候，我老是烦人地问：'那是什么？'""问的都是美好的名字，一样好吃的菜肴，一块红得半透明的石头，一座山，一种衣料，一朵花，一条鱼……"

我也是。不管旅行或日常，身畔周遭，每与动人物事相遇，我也常爱问其名字、探其由来。就连家附近花店食材店水果摊也都习惯了，有个熟客总是"这是什么？产自何处？"问个不休，非得弄清身世源头才肯买单……

但有趣的是，对于物，这好奇心似乎相对不那么炽烈。

其中缘由，一如序文所述，在幡然醒悟，我之寻物觅物，所为所求者，其实非为物之本身，而是让生活让饮食更开阔细致美好的可能性后，心念一转，从此再不追名追高，只从功能本质着眼。

故而，能否堪用合用、真正融入我的居家里日常里，久久相伴相依才是关键，来自何处何人、是何姓字，遂全不在意不上心。

一如我长年信仰的日本茶道与民艺美学的追求：无名、无心、无意识，贵"杂器"轻"名器"……也像人与人间的相遇相处：门第出身、背景名姓都不重要，唯有真

无名之物

心直性清白清明裸裎相见，方是得能相契而后相守之道。

导致直到开启此系列书写后才发现，许多陪伴多年的情深挚爱之物，除了原就是敬慕倾心的品牌、工坊、设计制作者之外，竟有不少，对其来源所属全然不复记忆一无所知。

于是，仿佛一趟追索之旅，一件一件，或是翻看背后品牌或窑元印记，或从卖店来处、纹绘风格等蛛丝马迹，一路推敲网搜寻问其究竟是谁为谁……

然后，就在这过程里，越来越察觉，这"问名"的过程，自有乐趣。

"咦，原来是你啊！""欸，那也难怪了……"每有新得，常不知不觉发出这样的喟叹。仿佛已然水乳交融多年、熟稔已极的老友，突然知了底细底蕴，顿然萌生豁然开朗恍然而悟之感。

比方那几枚以极低廉价格、甚至是年少初成家时从百货公司特价花车上得来，却分外勇壮耐用至今的盘碗，果然都出自那几处本就是以日用陶瓷为属的地方民窑。

比方那几只越用越见情味情致的壶杯，就此知晓品牌或作者后，再看其余出品，确实都投契共鸣，便就此留心。当然只此一件、其他都不钟意的情况也所在多有，却反而让人分外珍惜，这茫茫物海里的偶然知遇委实不易。

至于那些遍寻不着出处，依旧默默无名之物，则多生几分怜疼——无妨无妨，且待缘分到时，自然得识。

　　"而问名者只是一个与万物深深契情的人。"文中，张晓风如是写道。

　　然对我而言，无论问不问、知不知名，都早已重重依赖、深深契情。

饮

之

器

Chapter

Two

一路走来，
红茶壶

　　早前，因写作《红茶经》缘故，将手边常用红茶茶具做了一回全面检视盘点，遂对茶器茶具之一路相伴历程，不免多有感发感慨。这其中，茶壶，可算特别百感交集的一类。

　　身为日日泡茶、喝茶、将茶视为人生重要必要事的爱茶人，对于茶壶的形式功能与实用上手程度，不免多有执着。

　　所以过往，每每谈到我个人如何看待设计，最常举茶壶为例："一只茶壶，不管长得再怎么绚丽夺目，若不能泡出香气四溢、滋味俱足的好茶——相信我，那些方的尖的扁的棱棱角角的、不能容得茶叶在茶壶里自在旋转跳舞的，通通不行……"无法真正走入、融入生活里，到头来绝对只能让人一时短暂惊奇，最终，必遭厌腻扬弃。

　　但说真的，自认所求并不算挑剔：形式浑圆矮胖、留予茶叶足够的空间，壶嘴曲度、长度、口径与壶身比例对应适当，壶把稳妥好握，材质以保温传热稳定的陶瓷为佳，颜色独爱白色，可以清晰展现茶汤光泽同时搭配宽广，样貌简约优雅有韵味，大小则容 2~3 人分量刚刚恰好。

　　尤其不爱常见内附的长筒形滤网，空间不足，茶叶无法充分伸展活动，风味常随之大减；最偏好的是近年越来越风行、直接于壶身内壁与壶嘴间设置滤孔或金属

1. Takano
2. LES SAISONS（CAFE CRITIQUE）
3. ZERO JAPAN
4. 白山陶器 MAYU
5. Kinto（COULEUR）
6. KAHLA

滤网滤茶，最贴心好用。

——嗯……结果一路数完后自己也觉刁钻。事实上，也因了这些坚持，多少年来寻寻觅觅，总难圆全。

然而，虽说生来一点不肯迁就敷衍的个性，但毕竟百分百合心合意的好壶难得，于是，八十分、九十分，大致符合标准的茶壶就这么慢慢一个一个来家，且长年下来日久生情，一旦用熟了，即使后来添了新壶也不曾稍减眷爱之心，日常里依然经常轮用，不忍舍离。

最早期、已然陪伴自己超过十五年的，是来自日本红茶专家高野健次的红茶店Takano 以及购自吉祥寺的普罗旺斯 LES SAISONS 的 CAFE CRITIQUE 茶壶，一者形制正确基本，一者朴拙中流露淡淡乡村风，都颇合用。

岁数约十年的 ZERO JAPAN 虽壶口略短，但得益于精心设计的活动金属盖，单手就可开阖，十分爽利。

最浅龄的日本白山陶器 MAYU 茶壶与 Kinto 的 COULEUR 波佐见烧茶壶，则是如前述、在壶身内壁与壶嘴间设有滤孔的壶型。特别前者，从比例恰到好处的壶嘴、宽大好握的壶把，到方便拎取的半环形壶盖摘钮都深得我心……若滤孔大小能再细致些，就真的几近完美了！

白山陶器 MAYU

刚刚恰好，
一人茶壶

一如前篇所述，饮红茶、写红茶多年下来，对红茶壶逐步累积成各种挑剔讲究。但真相是，到后来，早餐奶茶之外，其余时间泡茶，特别是纯饮的红茶青茶绿茶，却较少用到文中提及的这些红茶壶。

原因在于，一壶动辄二三杯以上容量，对大半都只一人在家的我来说委实太大，不好拿捏。虽然也不是不能一次全泡起来再一杯杯慢慢倒，但多余茶汤留在壶里，难免衍生经久泡涩、凉透状况，让向来最挑嘴的我着实为难。

当然还有另种选择是，办公室里常用常见、套上滤器的"同心杯"，滤茶回冲都方便。但毕竟早已卸下上班族身份多年——我常戏称，就是为了好好泡茶，才决定离开职场在家工作——无论如何都不可能回头委屈迁就这类因地制宜的茶具。

遂早从二十年前起便开始寻觅，足能一人泡茶的理想茶壶。

其时，因应逐年蓬勃的单身消费趋势，市面上不乏此类产品零星问世，但多半是直接将白瓷茶壶等比缩小，没什么趣味。不如干脆直接挪用年少修习茶艺时期添购的紫砂、红泥、黄泥小壶以及中式盖杯，还多几分雅致。

结果那当口，日本旅行之际，惊喜邂逅了日本玉露茶专用壶：形制大小一掌盈握，从体积到容量都恰恰刚好，壶口处还细细凿了滤孔，可利落挡去茶渣，极是合心合意。

只可惜，虽然就此一见钟情，但因是玉露壶，专为五六十摄氏度低温冲泡之纤柔茶性打造，壶柄提把皆无，若遇其他茶类，煎茶 70℃、炒青绿茶 80℃、青茶乌龙茶红茶黑茶 90℃以上……可就烫得握也握不住了。

却自此得了灵感和启发，结合多年泡茶心得经验，转而设计了我的个人茶具组"读饮"。全套读饮茶具共三只：壶、杯、盅各一，以一人独冲独饮，且能顺应不同茶类温度、简单利落方便操作为概念成形。

这中间，花费最多心思的莫过于茶壶了：样貌类似玉露壶，也同样设置了滤茶孔洞，但形体更浑圆、容得茶叶上下左右旋转跃动，壶身两侧另安上垫片，以能隔热并轻松握持。

果然此之后，杯与盅虽各有所用，但还是这只壶最派得上用场。至今虽已售罄绝版多年，好在当时私心多留了几只，几乎日日冲茶都靠它，是我最依赖不可缺的主力茶伴。

后来，又陆续添购了两款一人壶：其一来自莺歌街头的偶遇，应是由中式盖杯脱胎而出，宜于叶片较大而完整的茶叶。

另款"常滑烧"则为京都一保堂的出品，形貌温润静雅、韵味深长，手感绝佳，容量比其他略大，想大口大杯喝茶时最是畅爽过瘾。

1. 玉露壶
2. 我的"读饮"
3. 莺歌一人茶壶
4. 一保堂常滑烧

且掬一壶清凉

盛夏，正是咱家冷泡茶季热热烈烈上演时节——已然维持将近二十年的习惯了，从暮春起始，我的冰箱里随时常备冷泡茶：红茶、绿茶、乌龙茶，解渴、佐餐、待客、调饮……除了偶有冬瓜茶、荞麦茶、麦茶等无咖啡因饮料穿插，其余几乎可说日日晨昏相伴，不可须臾无它。一壶喝完再冲一壶，一直要到秋末甚至冬初气温降了，再喝不下冰饮了才肯停下。

依赖耽溺若此，合宜盛器当然不可少。而也一如对冷泡茶本身的执迷，器形上也有坚持——定非透明玻璃壶身、玻璃壶盖、无握把的凉水壶瓶不可。

此类壶瓶原本多为夜间使用：西方起居习惯，睡前会在床头摆上这样的凉水壶，夜里渴了，不须多费工夫，直接执起壶盖为杯倒水饮用，非常方便。

而我虽没有夜间喝水的习惯，却是一见这凉水壶便钟情：形式单纯利落，样貌明净剔透，看似极简，却因造型与材质之巧之妙而自有韵味自成韵致，非常耐看。

因此早早就备下一组……当时，还记得出自台玻早期曾经昙花一现的自有设计品牌，比一般常见略显矮胖，单手握持虽有些吃力，但真正敦厚外形倒是多几分讨喜。

装什么好呢？新伙伴来家之初，不免稍费了些思量。饮用水反而是第一时间就排除的选项，太平常太日常，私心觉得还是更平实基本壶款才配搭。

1. LSA（Uno）
2. TG
3. iwaki

刚巧其时，正是开始迷上冷泡茶的时刻，就这么一拍即合，马上挪为冷泡茶壶之用。

　　果然合衬。冷泡茶之沁脾爽凉、茶气茶香清亮悠扬，与这凉水壶从质地到气韵都相得益彰；且不管冰箱存放、拿取、冲倒都便利，享用之际，置于厨台、茶几、餐桌上更是悦目赏心——当然因为纯当冷泡茶壶，上盖就只当壶盖、不当杯子用了。

　　就这么依赖好多年，没料到有日不慎失手打碎，痛心不已。好在略事搜寻，很快找着了知名英国玻璃器皿品牌 LSA 的 Uno 凉水壶，形状比台玻瘦长些、角度浑圆些，是最经典正统的造型，赶紧欢欢喜喜买来接力上场。

　　因此心知玻璃易碎，如此频繁用度下，这相伴不见得能够久长，遂决定多备一二以为替换。

　　这一留意，才发现此类器型其实市面上并不多见，尤其 LSA 此款停产后益发难觅，尤其还得尺度符合所需——将近 1 L 容量，壶体好拿好握、样子顺眼好看……更加不易。

　　中间虽一度寻得简约颀长美型款一只，却发现壶口断水功能不佳，每次倾倒都拖泥带水滴滴答答，很是扼腕。只得一面小心翼翼守着我的 LSA，一面祈祷千万不要再有闪失才好。

　　直到近期，可算缘分吧！沉潜多年后，竟见台玻再度卷土重来，新推出的 TG 系列，请来深泽直人担纲设计，其中又见凉水壶身影，线条优雅流畅，甚合我心，赶紧欢欢喜喜迎接来家，一起成为常日茶伴。

台玻 TG 系列

咖啡壶，
原来光是这样就可以

《不喝咖啡的咖啡壶情结》——这是 2000 年，我的第一本书《Yilan's 幸福杂货铺》中的篇章。近日因一些缘故，突然忆起这篇文字，遂拾起书本重温了一回，读之莞尔。

那时的我一定想不到，那个明明不怎么喝咖啡、却因着对器物的迷恋而收集了琳琅满目形色咖啡壶的我，时光流转，近二十年后，此刻竟不可一日无咖啡。然而当时所藏却大都舍了，只剩寥寥几只身边为伴。

原因在于，真正投入咖啡怀抱、成瘾沉醉后，看待咖啡的方式，再不同当年了。

不知是否因根底上原本身属饮茶之人缘故，即使踏足咖啡界，却始终与此领域向来存在、对繁琐复杂高深莫测器具与技法的钻研向往颇有距离。

毕竟茶界里，数百年来冲煮模式皆大同。所以，回归本质设想，冲咖啡与冲茶其实道理相同，都是透过水、温度、时间等周边因素的彼此作用，将经过处理的果仁或芽叶里所涵藏的芳香物质萃取成一杯醇美之饮。

遂而，反是沉迷于器皿的年代一度锱铢必较着各种冲煮细节、玩味每一只壶的不同脾气个性；然开始着眼于饮之本身，心态反而洒脱放开了，了然原理后，喜欢以最单纯最熟习甚至最宽容的手法，与咖啡直性相见……

因为，冲煮的本身只是过程，随产地、品种、种植、处理与烘焙每一先天后天环境条件的差异所构筑而生的这纷呈万象咖啡世界，才是真正惹人流连、探索穷究不尽的核心关键。

所以，除了意式咖啡因需压力协助，故得仰赖多年来用得上手习惯的意式咖啡机外，其余产地单品咖啡，所用器具越来越显直觉简单：早期是手冲杯，后来结识美国 Chemex 手冲滤壶，乍见颇觉意外，外观看来光就是一只长得有点像葡萄酒醒酒器的玻璃壶，然因精确壶口设计，安上滤纸、放入咖啡粉随手一冲，风味却是四平八稳有模有样，准准打中我心，自此钟情。

后来没多久，又邂逅了本土品牌 Mr. Clever 聪明滤杯。说来有趣，其实多年前早就曾经接触，只是当时它还是茶圈一度风行的茶器新发明，非用于咖啡。

多亏咖啡专家慧眼挖掘，经过改良后摇身一变成脍炙人口的咖啡工具。这会儿再度重逢，一试之下大为惊艳，不愧从茶思维脱胎而生，从简出发，纯粹浸泡而后滤渣，将咖啡豆的本色原味完整展现，深有共鸣，立即纳为常日依赖之器。

近年风行的金属滤网手冲壶杯则是另一新欢，省去用后即弃的滤纸，非常环保，所冲咖啡则口感丰厚沉实，别是另番风致。

2

1. Chemex 手冲滤壶
2. Mr. Clever 聪明滤杯

1

而 2018 年一趟约旦之旅，类似这般让人由衷惊叹"原来光是这样就可以"的领悟又添一桩：

　　在那儿，街头巷尾到处可见以土耳其式单柄小锅煮的咖啡——其实和我依赖多年、从锅煮奶茶脱胎而出的锅煮早餐咖啡概念近似，但不用牛奶，纯以极细咖啡粉入锅沸煮而就。

　　以往对此类咖啡敬谢不敏，总觉这猛火高温细粉催逼出的黑浆焦苦寡香少滋味，没料到在此却颇多浓厚稠滑、温润甘香，甚至透着些许细细果酸感的美味之作。最迷魅是加入豆蔻香料同煮，暖馥芬芳，让人不由上瘾。

　　后来逛了几处咖啡豆专卖店，发现豆款种类极是多样、烘焙度分类细致、质量也好，当下颇受启发……这会儿，要不要再往这更直率的路线迈进呢？

TG 手冲耐热咖啡壶

东方杯盛西式茶，
绿茶杯喝红茶

对许多人、特别是传统路线的红茶爱好者而言，说到红茶杯，脑海浮现的影像应颇一致：浅底圆碟上，一只宽口浅底薄胎有耳杯。

就连在我自己的红茶书里、课堂示范上一律呈现的，也都是这样的杯款，且还谆谆补述提醒：和壶具一样，同套餐具组里，较显高瘦的那只装咖啡，宽矮圆的这只才是红茶杯。

但实情是，回归日常真相，在咱家呢，餐桌旁或沙发上捧碟执杯、优雅悠闲饮茶的画面其实并不常上演；绝大多数，反而是于书桌上电脑屏幕前埋首奋力工作之际，身边有一杯红茶相伴。

工作桌不比餐桌，特别写作时分，无可避免地，各类工具参考档案书籍层叠堆积如山，这时刻，若还硬要挤入一碟一杯，未免也太局促累赘。

当然红茶杯有耳有碟原本自有其道理。17世纪，茶杯随茶叶自中国、日本远渡重洋到欧洲，落地生根后依随当地生活方式悄悄改了形貌：杯边生出耳朵以能防烫；且为了顺应多半加糖加奶的西方饮用习惯，小巧的茶托转化为盘碟，方便放置糖、搅拌匙等佐茶配件。

然一来茶国子民如我，从小持杯饮茶到大，根本不怕烫。二来，即使喝的是从

1. 购自日本京都的两只杯
2. 陶房青
3. 康创窑

产制到品饮体系都由西方建立的红茶，逐年喝出神髓后，糖和奶都少加了；除了非得浓厚不可的早餐奶茶外，其余时间，偏爱的是清冽清新、宜于纯饮的单品产地庄园红茶，不免更觉这多出来的杯耳和茶碟着实多此一举平白碍事。

因此，渐渐地，单单纯纯小小巧巧、好拿好握且不占空间的东方杯款，竟就这么反客为主，成为我的红茶杯主力一系。且还进一步跨出书房来到餐桌上，佐配点心甚至待客，都常由东方茶杯担纲。

东方杯盛西式茶，绿茶杯喝红茶。对照数百年来红茶历史文化的欧亚东西不停往还流动，不禁莞尔。

而检点手边常用杯款，最早来家的两只，购自第一次京都自助旅行。那时节，年纪轻阮囊羞涩，当然名窑艺匠全高攀不上，也还未有心思探究来源姓字，纯是清水寺附近漫无目的散步当口的偶然邂逅：

一为质地清细、造型古雅的青瓷杯，另一则是表面有着浑拙凸纹的米白陶杯。但这偶遇之缘，却悠悠持续了二十载，至今，仍是我最爱最上手的茶伴，长年经久抚触啜饮，越见情味深长。

此之后，陆陆续续再有添新，大致都是这样敦厚朴雅、却自有独特韵致韵味在其中的杯款。

　　踏实常日氛围，是我向来于茶里的一贯追求，自在自得，舒心舒坦。

踏实日常，
马克杯

坦白说，年少刚刚开始采买累积手边器物之际，从不曾把马克杯放在眼里。

当时，正对西来东渐的红茶风火烈烈燃起高昂兴趣，说到杯具，眼中全只有宽口窄底有耳附碟、优雅精巧的红茶杯，怎么看马克杯都觉老实呆笨，勉强备个一两只应付口常偶尔随手所需，谈不上什么讲究与用心。

但慢慢地，情况一年年有了改变。

随着涉猎了解与爱恋依赖日深，红茶之于我，再不是向往好奇、渴望一窥堂奥的高深品味，而是一步步进入生活中，成为常日饮食的一部分，品饮与冲调方式也渐趋多样多变化。

遂不再执着于正统杯碟，转而追求不同茶饮与杯具间的适材适性搭配——于是发现，体量硕大敦厚沉实的马克杯自有其长处与用场。

特别渐渐养成习惯，晨间时分，总以一杯拿铁咖啡……奶茶，则常是以打发牛奶与奶泡冲调红茶而成的奶泡茶作为一日开启。兼具填肚暖身、提神振气功能的这一杯，比起其他时段的茶或咖啡饮来得浓厚量多，加了至少一半比例的牛奶或豆奶，热腾腾香馥馥，那些娴雅纤巧的杯子们全搭不上压不住盛不下，定得马克杯才够匹配够分量。

1. Royal Copenhagen（Ole）
2. 购自美国纽约 MoMA 现代艺术博物馆的陶杯
3. +d（TAG CUP）
4. 1616 arita japan
5. 红琉璃双层杯
6. 月兔印

于是，就这么越看越用越觉顺眼顺手，成为日常不可缺的热饮伙伴。早晨之外，夜里一杯暖胃暖身的杏仁茶、面茶、橘茶或金枣饮，甚至热调酒也都靠它。

心念上生活里欢喜接纳，却免不了相对刁钻挑剔起来：最传统普遍常见的直筒公版形状当然全看不上，也不爱已成马克杯特色的繁复强烈颜色图案。一如我之于器物的坚持，不单单要简要雅，还希望拥有不同一般的个性韵致才好。尤其若能稍微跳脱常轨，更能为日日晨起睡前时分多添兴味。

所以，多少年来，咱家的马克杯总是添得特别慢，久久才得一次惊喜遇逢。但也因此，每一只都独树一帜，自成丰姿样貌。

比方丹麦 Royal Copenhagen 的 Ole 马克杯，沉甸甸厚重形体，庞然垂地下凹杯柄、足可整手掌稳稳握持，每次使用，都油然萌生一种安稳安顿感，好生舒坦。

二十多年前购自纽约 MoMA 现代艺术博物馆的卡其底黑条纹陶杯，有着介于手作品与设计品间的奇妙气质，表面纹案既朴素又强烈，百看不厌。

日本 +d 的 TAG CUP，简简单单形制，却因一围塑料隔热套而倍显别致。建筑师柳原照弘设计的 1616 arita japan 有田烧马克杯无疑是其中最低调的一只，但光就是杯缘微妙的外翻加上略显粗糙的杯面，就让人再三玩味。

十数年前开始崭露头角，并在近年蔚成流行的双层玻璃杯，则是我的马克杯中的异类。

　　照理玻璃材料之清透清薄一点构不上我对马克杯的素来标准，却因双层处理，隔热与质感需求全兼顾了，还可透过透明杯壁，边啜饮边观赏拿铁咖啡和奶泡茶的美丽泡沫与深深浅浅层次一路变化，别是另番无穷趣味。

红茶的杯、
咖啡的杯

对我的早期文字有些印象的读者可能还记得：曾经，我收集杯子，特别是西式的有耳附碟杯。当年，家中玄关与厨房中间，立着一座由地顶天的餐具柜，里头琳琅满目陈列堆叠的，尽是一组又一组的杯。

那时的我，每天每天、早上午后，每次喝茶，不仅茶款不同，且定然伴随轮替换用各式各样的杯子，从视觉到滋味都执拗着，次次都得新奇新鲜。

然而时移事往，那般不断追新求变的心境终究成为过去。一年一年，随年岁阅历体悟增长，渐渐地，茶款一样日日不重复，杯子，却是渐渐固定了下来——当然还是不曾就此专情专一、独钟一二，而是越来越懂得什么样的茶或饮，以什么样的杯来盛放衬托，最能彰显各自的香与味与韵……

于是发现，真正适用的、合用的其实远比拥有的少得太多。尤其一如前文所述，对轻巧利落的无碟无耳东方茶杯与敦厚沉实的马克杯益发耽恋后，不免越觉西式附碟杯累赘碍事，遂更无悬念。

就这么彻悟了，几年前，趁居家全面翻修契机，痛下决心筛选出确定依赖不可缺的杯款，之后，在自己的店里办了一回跳蚤市集，将其余都舍了。

如今，每想起过往曾经的那座巨大餐具柜，都不禁莞尔——是的，现在，再用

1. Calvin Klein

2. Royal Copenhagen（蓝色缤纷唐草系列）

3. Royal Copenhagen（古典蓝花）

4. Thuringia Lengsfeld Porzellan

5. Arzberg

6. Ross Lovegrove（Lotus）

7. 4th-Market（Prato 系列）

8. Time & Style（SHIROTAE）

9. 柳宗理骨瓷茶杯

10. 4th-Market（Perma）

11. Iittala（Ego）

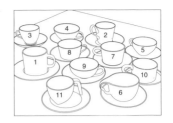

不着满堆整柜，常日所用不但就这十来只，短短一排杯架便收纳完毕，且其中多数担纲机会比起马克杯与东方茶杯还来得稀疏些。所以，什么时候轮得上这些西式有耳附碟杯呢？

首先，是晨起的奶茶时光。毕竟加糖加奶的红茶喝法纯然由来西方，遂而总觉还是得这西方血统杯款才配它。且随奶茶类型也有不同配对：

快手煮就、浓酽饱满的锅煮奶茶，通常搭的是厚实些的杯，如沉甸甸的 Calvin Klein 灰褐陶杯，Royal Copenhagen 蓝色缤纷唐草系列早餐杯，以及日本 4th-Market Prato 经典系列浅灰色陶杯。

一般奶茶，则通常只在久久才有一回的假日闲情早午餐享用，常用的是手绘黑色笔触细致的德国 Thuringia Lengsfeld Porzellan 宽口杯，与流线形体的意大利 Ross Lovegrove 的 Lotus 杯。

杯体略高、杯口不那么开敞的款式，如德国 Arzberg 蓝直纹杯、Royal Copenhagen 古典蓝花杯，则最常留给精品庄园咖啡。虽说不加糖不加奶，照理应如纯饮红茶一样，用不上有耳附碟杯，但可能因手冲咖啡之际的专注与讲究氛围吧，还是习惯端凝隆重对待。

同理，偶尔，不愿光是轻巧利落快速喝茶，渴望稍微跳脱熟悉的日常感，悠悠专注慢啜细品茶色茶香茶气茶味时，还是会暂时放下东方杯、重回西式杯怀抱……这当口，便是简约雅致的 Time & Style 的 SHIROTAE 白瓷杯，以及最得我心，模样谦逊极简、却有无限韵味内涵在其中的柳宗理骨瓷茶杯的登场时间了。

咖啡，
来一碗

一如前篇所言，日日晨起填肚暖身、提神振气的奶泡红茶与拿铁咖啡，习惯以体量硕大敦厚沉实的马克杯盛装，但有时兴之所至，也偶尔改以碗担纲。

相较于马克杯的利落，碗装咖啡或奶茶，手感与氛围都很不一样：热腾腾硕大一碗，两手围捧交握，从掌心到味蕾到身心灵都更静定温暖；特别逢上郁闷多雨、深冬凛冽以至熬夜疲惫甚至宿醉早晨，分外疗愈舒坦。

碗盛咖啡或奶茶在欧洲其实还蛮常见普遍，法国还有专门名词，叫咖啡欧蕾碗"café au lait bol"，亦即牛奶咖啡碗，专为早餐时段畅饮加了大量牛奶的咖啡之用。

我在近二十年前的一次法国旅行中，于巴黎街头某乡村风面包咖啡馆第一次见识到这器皿，质地稳重厚实，一碗满装，喝起来极是豪迈爽快；还学周遭的喝法，将可颂面包浸入碗里，满沾咖啡再吃，香润美味，好生过瘾。

当下着迷非常，立刻从店里买了一只回来，打算自此加入早餐杯具行列。

只不过，这只咖啡欧蕾碗由于样貌略显单调、没什么趣味，仅仅上场一两次就束之高阁。冷落好一段时间后，偶然挪作厨房备料碗，竟颇觉上手，就这么改换身份成为烹调工具，从此与咖啡奶茶绝缘。

虽也不是不曾留意过其余法式咖啡欧蕾碗，但由于大部分颜色图案色泽都略嫌

1. 有田制窑
2. 京都一保堂
3. 喜八工房
4. 树ノ音工房
5. 韩国茶碗

太鲜艳亮丽，非我所爱；就这么抛诸脑后多年，后来，反而是开始喝日本抹茶后，入手一二日本茶碗，竟意外重拾前缘。

原因在于，虽爱抹茶，然毕竟比起其他茶类来，泡制步骤难免较显繁复，忙碌步调里实在很难经常享用。不忍茶碗闲置寥落，某回晨饮时分，照例按下意式咖啡机之际，架上一眼瞥见，心血来潮取了来装，没料到极是合衬——既保有了碗喝的暖和酣畅，日式茶碗特有的内敛雍雅与浑朴质感无疑更合我心。

就这么恋上了。自此，茶碗瞬即转了功用，抹茶是久久一回的闲情逸致，而咖啡碗、奶茶碗却成频繁的日常。

一旦成为日常，原有这一二茶碗竟觉不够。但好茶碗难得，顺眼的往往价昂难能高攀，从日常陶器里寻，也不见得都看得上。灵机一动，把脑筋动到饭碗上，结果发现选择还真不少。

但也不是什么饭碗都可挪来权当咖啡碗，正宗传统圆碗用餐感太强，捧着老觉像喝汤，很不对劲。几度尝试，发现碗身有点高度、最好有明显的圈足，质地形状稍微特殊甚至带点角度，气韵独树一帜，最能和合。

比起茶碗来，饭碗当咖啡碗，似乎更多几分写意之趣与生活感——这才想起，日本茶道领域里拥有至高地位的高丽"井户茶碗"最早原也是饭碗，柳宗悦说它，原就非为茶而打造，纯然的"杂器"，遂成"无事之美"的如实呈现，是"茶之美的极致"。

果然如此哪！生活日用里平实踏实脱胎而出，此中之美之乐，遂分外陶然悠长。

恋上，
荞麦猪口

对我而言，一众日式餐具里，荞麦猪口可算颇奇妙的器皿。首先名字就充满喜感——据说"猪口"一词源自朝鲜语，和猪其实并无关系，但确实诙谐地将这仿佛猪鼻一样的浑圆形状做了极贴切的勾勒描摹。

猪口的历史可一路追溯至 17~18 世纪日本元禄时期，原本是"本膳料理"宴席上盛装小分量醋物或凉拌菜的餐具，江户时期渐渐转为酒器以及盛装荞麦面蘸汁的器皿，故称"荞麦猪口"。

有别于酒杯形状的猪口，荞麦猪口呈上宽下窄之直斜筒型，手握及夹面条蘸取酱汁食用都方便。然时至今日，荞麦猪口早已远远逸出本来功能，用途日广：酱汁盅外，最常见是充作茶杯、果汁杯、单品咖啡杯，还可当汤盅、调味料盅、渍物盅、零食点心水果盅……潜力无限。

尤其近年来格外感受到，荞麦猪口越来越受欢迎：名窑名匠名作不断问世，新晋品牌常以之为设计主题，各人气餐具店选物店里最显眼的陈列位置也定然有它的身影。

玩味个中原因，绝不仅只出乎荞麦猪口的多任务多用，更在于这独树一帜、近似几何的造型，比一般传统日本食器要更显简净利落有个性，也更具平民百姓生活气息。

1. 广田硝子
2. 有田制窑
3. 梅山窑
4. BAR BAR
5. 辻美和

遂能一步跨越数百年时空的藩篱，历久弥新、与时俱进；从远古到现代，在餐桌上看着用着都新颖时髦美丽，且和古今东西任何餐具相配搭都和谐合宜——无怪乎知名器物作家平松洋子夸它是"无可挑剔的江户时代摩登设计"。

　　回想起来，我与荞麦猪口结缘甚早，二十多年前首度京都自助旅行便已带回两只——当时虽和荞麦面竹筛一起买下，然毕竟荞麦面不见得天天吃，茶却是一年四季晨昏日夕时刻相依，遂不知不觉便从餐具柜转移阵地加入茶杯柜，成为我的日常饮茶良伴。

　　而也因前面提及的美感缘由，感觉上比起其他日式中式茶杯来都更开阔灵活有弹性，冰茶热茶红茶绿茶乌龙茶日本茶都合衬，就连偷懒扔个茶包入杯都不觉亵渎了它……

　　就这么恋上荞麦猪口，家中所拥所占比例逐年提高，每每还得极力克制，才不致太过泛滥。

　　只不过，随艺匠与设计者们对荞麦猪口的一年年益发钟情，样貌材质越显多元多样，我对荞麦猪口的喜好也开始悄悄出现转变：早年偏爱朴拙充满手工感的陶质猪口，近年则渐多清薄纤巧之作。

特别是玻璃材质，亮泽剔透，盛装冰茶冰饮甚至酸奶、冰淇淋特别沁爽，较一般玻璃杯更小巧的容量，让无论吃喝都习惯浅酌浅尝即止的我更加爱不释手。

更重要的是回归原始用途——装盛凉面蘸汁，从视觉到触感都加倍清凉，暑意炎炎夏日，再舒服不过！

杯垫之必要

不知算不算是一种神经质症状，我的杯子底下，除非是原就附有底碟的红茶杯或是高脚酒杯，否则一定得有杯垫。

从来受不了因漏放杯垫而在桌面上留下的各种圆印——还仍湿答答的新鲜水印，经久浸渍或烫热而褪下或烙上的斑驳白印，还有被红酒咖啡茶等深色饮品染上的色印……

每每瞧见总觉恼人，特别是无力回天就此留下永久痕迹的后二者，若发生在自己家当然跌足悔憾不能自已；即使人在外头别人处，也常忍不住悄悄喟叹惋惜。

因此，几乎已成反射动作了！自家厨房里，不管冷饮热饮，冲倒调制完成后、上桌之前，定会随手拉开抽屉取一枚杯垫压底，尽量不让杯具直接碰触桌面。

为此，早习惯长年备好一整摞各式杯垫以备随时之需。但说来奇妙，咱家杯垫虽不少，却仅半数是自己购置……真的，就像时不时就会天外飞来一只的所谓环保购物袋一样，各种礼赠品中，杯垫也属其中大宗。

但话说回来，虽时刻少不了杯垫，然无论由来何处，我也绝非来者不拒照单全收；反因日日依赖不可缺，而逐步衍成一套严格取舍标准，即使非自己花钱买，若不合意，也定然不肯收留。

首先，一贯审美喜好，简约无华是必然，造型只取最简单的方圆，样式图案色彩则尽量谦逊低调为上。

　　此之外，最最重要且绝不迁就的则是，材质。

　　头号画叉是纸质杯垫。一点不耐用之外，最让人发毛的是，冰饮杯一放上，没过几分钟，杯身开始结露后便必定沾黏；每一举盏，杯垫都如背后灵一样如影随形跟上，非常厌烦。

　　且不只轻飘飘纸质如此，其余陶瓷、金属、玻璃、木头等表面光滑材料也颇难避免；且由于体量常偏厚重，若餐桌上书桌上物件一多，夹杂其中总嫌累赘。

　　这么一来，几乎半数以上杯垫都不讨我喜欢。多年经验积累，始终觉得还是藤竹、布质，以及皮革等能适切吸水不积水的材质最顺手好用。

　　尤其藤竹材质，手工精细、质感温润一派天然，且还扎实耐久，多年来经久如新，最得我的欢心。

　　所占比例最高也最轻薄轻巧的布质，特别是较坚韧的帆布，从视觉到手感都柔和舒服；缺点是容易沾染茶渍，虽说也算岁月刻痕生活情味，但多少仍显憔悴。

家中各式杯垫

皮革同样易染渍垢，但因质地缘故，比布质来得耐看顺眼；但随岁龄增长，偶尔会有卷曲变形问题，不无小憾。

最特殊的一款购自巴厘岛某手工艺店，别出心裁将丁香密密编织成杯垫，置放热茶于上，香料气幽幽绽放；至今十数年，芳香依旧悠长不散，每用到它都格外舒心悦然。

竹编杯垫

情味温润，
茶托盘

　　一如前文所述，出乎个人神经质脾气，我的杯子底下，一定得有杯垫。但若是既有壶、又有杯，一般杯垫或茶壶垫尺寸不够容纳，这当口，就得改换茶托盘出马。

　　尤其恋茶泡茶饮茶多年，不管冲茶、端茶、盛茶，隔热，承接溢出或留下的茶液水渍、收容挪移杯壶工具，以至美感的烘托凝聚……都定然非得托盘帮忙不可。

　　因此，虽未刻意收藏，却也慢慢积累了一些深心喜爱、相伴恒长的托盘。

　　趁此检点所拥一众托盘，这才讶然发现，远比杯垫要来得还更挑剔，以材质而言，至今竟就只有木质与藤编两种而已。细想其中缘由，应是饮茶所需氛围向来偏向内敛沉潜静定，任何太华巧鲜亮之颜色质地都不合适，唯独藤与木的质朴低调谦逊幽雅，以及淡淡流露的浑拙憨厚手工感方能佐配。

　　且用到后来，最早年来自印度尼西亚巴厘岛和柬埔寨暹粒市场的一深一浅、一椭圆一正圆两只藤编之后，木质还渐渐后来居上，成为我的茶托盘主力一军。

　　原因在于，一来未上漆木质粗糙表面吸附水分效果较佳，更重要的是长年经久使用，茶汁一层层日积月累涓滴浸润，往往使木头逐步染上迷人的深沉温润光泽颜色。

1. 于彭亲手绘制的茶盘
2. PUPUU
3. 小泽贤一作品
4. 纪平佳丈作品
5. PLAM
6. 巴厘岛藤编托盘
7. 藤编托盘
8. 秋田桦木细工

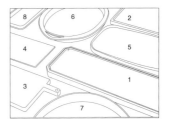

虽然知道茶艺界有以剩余茶汤日日反复浇淋茶具以快速养出色泽的做法，但我却从来不肯、或说懒怠如此；宁愿就是放诸自然随性，真正以生活日常、以漫漫岁月徐徐缓缓摩挲出悠然悠长踏实的情致情味情感。

而此刻，细数我的木托盘们，其中最年长资深、也是平素最爱最依赖的，当非水墨画家于彭亲手绘制的茶盘莫属。于彭本身原就是懂茶爱茶之人，收藏珍品名茶老茶无数，所拥茶具自非凡品。

此只茶盘来自现已走入历史的彩田画廊的一场策展，邀请艺术家们在自家日用之物上作画，其中一件展品便是这只茶盘：整块木头简单雕成，痕纹节疤历历，盘底几笔勾画了十分于彭风的山水人物，正面背面都好看。

让当年还是艺术线记者的我，一眼见了就迷上，且刚好价格还能负担，便奋勇买下。至今二十多年，这只木托盘始终固定置放在厨房旁茶台上，每天泡茶都用它。

其余，除了来自木艺与皮艺工作室 PUPUU 的缅甸柚木托盘外，则多为日本木艺家的作品。比方小泽贤一的核桃木托盘，一凿凿雕痕毕现，手感极好，精巧的木柄则多添几分生活气息。

纪平佳丈的作品，从样式到木色都敦厚静默，流露几许禅味，四侧斜削而下的底台则巧妙提点出些许轻盈感。来自飞騨高山家具品牌 PLAM 的木托盘，以几种不同质地木头组合而成，是难得较具时髦气息的一只，与形式利落的北欧风茶壶茶杯，搭得刚刚恰好。

玻璃杯，
浅酌就好

因连续被读者与家人提醒，这才留意到，我家的玻璃杯们，除了喝加冰或 highball 的威士忌杯略微硕大外，其余都颇迷你。

是从什么时候开始的呢？早期其实也都还是正常大小，却是一年年渐渐对小尺寸情有独钟，或细瘦或矮圆，小小巧巧一掌盈握，煞是可爱。

我想，除了因体质虚寒缘故，天生冷饮量少；另一缘由，则应是开始喝茶喝酒后，越来越习惯徐徐浅酌细品，节奏于是开始变得悠然。冰茶、冷泡茶、冰咖啡、果汁、醋饮、气泡水、气泡调饮……再不囫囵吞大口一杯干尽，喝得少了、慢了，大杯满装老半天喝不完，自然而然再添购的都是小杯，装一点喝一点，刚刚恰好。

即连照理应得大口豪迈畅饮的啤酒亦如是。早年其实不太喝啤酒，一来不爱那淡苦之味，二来因饮酒多为佐餐，老觉多喝胃胀吃不下饭，难生好感。敬而远之多年，直到精酿啤酒风潮吹起，方才惊艳于那多元多样多层次的浓馥芬芳，自此另眼相看。

遂而，我之喝啤酒，心情上态度上比较近似于喝葡萄酒、威士忌、清酒烧酎，非为消暑解渴尽兴，纯因美味而饮；尤爱高酒精度强劲味浓酒款，三百多毫升一小瓶自个儿一次喝不到半罐，还得靠另一半帮忙……这般饮法，一般啤酒杯当然全派不上用场，一如其他冰饮，还是小杯小盏合适担纲。

杯小，形式形制的要求也就不大一样：首先杯壁定得轻薄剔透，体量上才能合衬；不喜任何浮面贴印其上的花色图案，简雅低调不夸饰才能配搭——但光是一径直正筒圆朴实无华，不免流于刻板单调，造型与形体还是须得有些韵味变化，画龙点睛几笔雕镂刻纹，简中见姿态，才够耐看。

如此标准下，早年较偏爱的几只多来自北欧，特别是芬兰 Iittala 一系列略呈平底长圆锥形的各色酒杯最是合意。后来，结识日本几个玻璃工坊，对那既轻盈又内敛，且还带着细致手工感的风致很是着迷，遂就此移情。

最上手最常用是广田硝子的 Textile Cutting 系列，一组五只，直纹、横纹、网纹、格纹、点点，各自纹案皆不同，只只优雅好看；最重要的是形状尺度容量完完全全契合我的需要，让我当堂失了理智，打破从不接纳成套餐具的素来持守，一整组全抱回家。后来此系列不知为何就这么绝版，让我暗自庆幸偶尔冲动一次也不赖。

同品牌的"大正浪漫 十草"与"东京复刻 蒲鉾"是后来新欢，比 Textile Cutting 略高大些，盛装气泡饮正刚好。尤其邂逅之初，刚巧正是迷上金酒与汤力水调酒当口，当下一拍即合，没几天就来上一杯，沁凉过瘾。

1. Iittala
2. 广田硝子（Textile Cutting 系列）
3. 广田硝子（大正浪漫系列）
4. 广田硝子（东京复刻系列）
5. Sghr 菅原硝子
6. 木村硝子与渡边有子合作出品

4

1

6

2

6

3

菅原硝子的两只则虽为此中少数"有色"杯种，但含蓄稳重气质，与冰茶、冬瓜茶、荞麦茶等颜色沉着的饮料很是相得益彰。

　　餐桌上最亮眼、每回照片上网都必然引发四方热烈询问的，则是木村硝子和料理研究家渡边有子合作出品的气泡酒杯——但在我家，装的从不是气泡酒，而是啤酒，容量宜于小酌之外，还能使泡泡多量且持久留存，对从来喜欢丰富绵密啤酒泡沫的我，再好用不过！

木村硝子与柳原照弘合作出品

化繁为简，
葡萄酒杯

细细数来，厨用工具不算，在我的所有饮食器皿里，除了红茶壶之外，若说哪一类也同样极具功能取向，我想，应非葡萄酒杯莫属。

非只我对酒杯之实用性斤斤计较，事实上，不以外观视觉之美为取决目标，而是如何将酒味酒香淋漓尽致，甚至加乘表现发挥，数十年来早成整个葡萄酒器领域之主流思维。

这样的景况，先得归功于知名奥地利酒杯品牌 RIEDEL。其于 1973 年在意大利侍酒师协会的协助下，率先提出一套理论，认为酒杯虽然不会改变酒的本质，然而，透过杯身形状的引导，却可以决定流向、气味以及强度，进而影响酒的香气、味道、平衡性与余韵，决定酒的结构与风味的最终呈现。

据此，配合设计推出的一系列专业酒杯，不仅红酒、白葡萄酒、香槟等酒类都各有专属杯型，更进一步针对波尔多、勃艮第、基安蒂、蒙哈榭等不同酒区，黑皮诺、赤霞珠、霞多丽、雷司令等不同品种，甚至列级、干型、年轻等不同等级或酒性，在形体形状上都有不同区分，以能放大各类酒款之个别优点、修饰缺点，达于最佳状态。

此举彻底改变了葡萄酒世界的品饮风貌，一路至今，各大主要品牌在酒杯的设

1. Zalto 勃艮第杯
2. Zalto 通用杯
3. Zalto 波尔多杯
4. RIEDEL VITIS 波尔多杯
5. RIEDEL Vinum Chablis 霞多丽白葡萄酒杯
6. RIEDEL Vinum 香槟杯

计与选择上，几乎大致都以此套论述为依归。

至于我，早在二十年前接触葡萄酒之初，便曾在相关品饮会上彻底折服于同一款酒在不同杯里所绽放出的迥异姿态与芬芳，自然而然成为此套理论的信奉者。

然话虽如此，出乎预算与空间考虑，加之生活里素来习惯自在随性，虽说日常餐桌上长年有葡萄酒相伴，我却从不曾真的备齐全套酒杯，行礼如仪，喝什么酒就搭什么杯。

但也绝非一杯到底，身为资深爱酒者，这么多年来，多多少少还是在兼顾适性适用以及个人品饮喜好考虑下，细细琢磨出自己的一套轻松使用模式：

最早，家中必备的专属杯款，首推我素来最爱的勃艮第兼黑皮诺杯，酒柜里半数酒款都属此类，当然须得另眼相待。后来，则还另备了波尔多杯，以供较丰厚饱满红酒使用。

其他较难归纳类型的红酒以及白葡萄酒、粉红酒，则一律以尺度规格较宽大的白葡萄酒杯对付。气泡酒另有香槟杯，加烈酒与甜酒则用烈酒杯——看似有些偷懒，但多年来自也相安无事、怡然而乐。

而也在这过程中，渐渐发现，到后来，从酒界到酒杯界似乎在分类上也同样开始逐年放松，区分不再那么刁钻精细，甚至越来越思考、推崇通用兼用的可能性。

比方同样来自奥地利的 Zalto 所推出、形体介于白葡萄酒与波尔多杯间的通用杯型，便成咱家近来以一当百的选择。

最欣喜的则是这两年的另一新流行：直接以白葡萄酒杯盛香槟，果然风味表现比传统郁金香杯更丰润饱满……这下，又可少备一款香槟杯，着实一大福音。

讲究与任性之间，
威士忌杯

一如前文所提，关于酒杯之用，不管是酒界看法或是个人日常习惯，都渐有越显放松自在的态势。威士忌杯亦然。

事实上，由于较偏进阶级品味的单一麦芽威士忌风潮崛起至今不到二十年，全面兴盛时期远较葡萄酒短近。因此，除了一般熟知的古典广口杯早已退出专业领域，转为加冰畅饮用途，郁金香杯成为此刻正式品鉴与纯饮主流，其余，对酒杯形式功能区分之关注聚焦，相对不免来得稀疏安静许多。

虽说受葡萄酒影响，有关究竟何种杯型才能将香气、口感发挥到极致等讨论也曾在精英品饮圈内一度风行，甚至知名葡萄酒杯品牌 RIEDEL 还曾先后出品过两款威士忌专用杯……

其中，较早问世、深"U"形状的 Vinum 系列杯，即使号称与苏格兰威士忌专家携手打造，但圈内普遍口碑不佳，几次亲身试用，也觉表现略显郁闷，反不如后起之轻薄杯壁、开阔直筒杯型的 O 系列香气清透雅亮，更为出色。

但整体而言，此类话题虽曾起一时涟漪，却很快便化为零星，相关商品推出也少，未成气候。

我想其中原因在于，一来威士忌之不同类别差异不若葡萄酒巨大，不足以形成

1. RIEDEL O 系列威士忌杯
2. ISO 杯
3. Glencairn 短脚杯
4. 郁金香杯

什么酒该配什么杯的变化乐趣；其次是威士忌酒体风格强烈浓厚、特色鲜明容易捕捉，个别杯形之优劣高下也就相对不那么分明剧烈。

我自己呢，则态度上介于讲究与任性之间：纯饮之际，钟爱郁金香杯远胜其他——广口杯常使香气过于发散，且握感不若有脚杯优雅轻盈；葡萄酒界早年奉为圭臬、后来威士忌圈也常引用的 ISO 杯，则在香度上稍嫌沉滞，不够讨喜。

也因郁金香杯的逐年普及，各家酒厂之随酒赠杯均以此为最大宗，多年来收受无数杯款，一一品试后，选择顺手顺口的留用，渐渐也累积了多只平素惯常依赖的爱杯。

因此发现，虽同属郁金香杯，其实随样貌长相互异，口感滋味虽大同，香气质地却有小别。

我喜欢的郁金香杯，一律有着典型的圆肚、窄腰、略往外翻的杯口，以及修长纤细长足——至于业界颇占一席之地的 Glencairn 短脚杯，虽也有近似郁金香杯的体形且立足踏实稳固，但视觉与手感总觉有些矮笨，不得我心。

杯脚之外，若再细究，杯肚须得浑圆饱满否则香气不够丰润；杯腰不过度收细，恰如其分就好；杯身不需长，能令酒气明亮；杯口则较费思量，外翻角度大者酒体甜媚可爱、角度小者含蓄雅致……哪一种好，玩味多年还是左右为难，决定还是看酒性看心情来挑。

　　纯饮之外，若是加冰、加冰加水的水割、加冰加气泡水的highball，欢畅轻松之饮，选杯上就更洒脱了：不一定拘泥非得古典广口杯不可，只要容得圆球大冰块在里头兜转滚动，最重要的是形貌优美有韵味，已然足够。

极简就好，
调酒工具

近年迷上调酒。不过，可不曾因此夜夜酒吧里流连，因宅性坚强缘故，最喜欢还是在家里自个儿动手调制。

其实平日早有调饮习惯——天生挑嘴脾性，从食到饮从来最是怕腻，所以，即便家常饮品，不管是夏日必不可缺的冷泡茶、荞麦茶、冬瓜茶，以至各式醋饮、果汁、气泡水、汤力水，总喜欢这加一些那加一点，交错配对混搭，日日杯杯都有不同风味变化。

所以，约从两三年前起，随金酒的全面风行，深深着迷于那从产地、素材、蒸馏、浸渍、萃取到调配所展现的多样风貌与讲究，纯饮意犹未尽，便开始尝试调酒，先前调饮经验为基础，几乎没有什么门槛，很快便觉信手拈来触类旁通。

当然，如家常调饮般随兴随手乱调是不少，但也常参考酒谱钻研经典配方，并随着对基础手法以及调配原理、逻辑的逐渐熟悉，慢慢掌握诀窍，不仅对调酒之风味口感高下越能心领神会，日常随手创作也觉灵感多多。

调得上手，难免对相关周边器具萌生需求和欲望。好在是，在厨房工具上的向来谨慎悭吝，让我多少保持理性，不曾一步冲向相关专卖店，一次全套狂扫回家；反是审慎再三斟酌考虑，毕竟非为真正专业调酒师，也没想开吧做生意，究竟是否

1. 柳宗理
2. Holmegaard
3. SCHOTT ZWIESEL

真有需要悉数备齐？

　　尤其长年煮妇生涯，厨房整理管理经验积累，越来越明了，所谓"工欲善其事，必先利其器"，此语不见得放诸四海皆准，往往多拥有反而多生负担，根本派不上用场平白多占空间，甚至还常多添忙乱。

　　遂而，一路过来，添购速度刻意放缓。惯用多年的最基础英式摇酒壶（Cobbler Shaker）之外，为能更精准量度比例和分量，只先增加了量酒器。调酒棒则虽一直觉得有需要，但素来挑剔个性，老觉市面所见工具感太强。直到发现一直倾慕依赖的柳宗理不锈钢餐具系列中，竟有一支极是美丽优雅的搅拌匙，立刻入手，果然好看好用，很是欢喜。

　　此之外，由于一众调酒中，第一最沉醉的是马天尼，各种配方、手法反复尝试研究，乐趣无穷；特别偏爱正统搅拌法而非摇荡，口感更圆润舒坦——这一来，搅拌杯犹可挪用家中现成器皿，但用以滤去冰块的隔冰匙却似乎很难取代……几度犹豫，某回意外发现，其实大可在英式摇酒壶中搅拌完成后，直接以英式摇酒壶中段的隔冰器滤冰就好！当下大喜过望，又省下一件工具。

　　唯一心猿意马的类别，则是酒杯。除了家中旧有饮料杯外，目前只少少添购了一三角二圆弧共三只马天尼杯而已，虽说大部分短饮型（Short Drink）调酒都能对付，但长久下来总嫌少了些变化……

但也无妨，调酒工具之路上，既已充分玩味了极简之乐之境，当然不急于一时，安步当车，随缘而遇，也是自在。

RIEDEL

厨之器

就要单手锅

不知有谁和我一样，对单手锅怀抱着如此强烈的执着与爱恋……拉开锅具抽屉，略一细数，单手锅竟足足占有七八成以上比例，横跨不锈钢、铸铁、珐琅、铜锅、土锅等锅种，深锅、浅锅、汤锅、炖锅、平底锅等锅类，连硕大的中华炒锅也理所当然隶属单手一族。

执恋之深，除了数量之外，日常三餐煮食也以之为首要战力，无论煎煮炒烫炖卤，大部分都由它们担纲。几乎已成下意识直觉，每次伸手都先抓单手锅上场，一般公认主流的双耳锅反而只能配搭。

喜欢单手锅的原因，首先在于方便爽利。一如其名，单手就能取放，不仅省时省力，可腾出另只手进行其他操作；且能稳固握持、挥动，倾倒盛出也比双耳锅更方便流畅。对从来下厨最贪快速与效率，且还常一心多用多工之忙／懒／没耐性煮妇如我，除了收纳上略嫌多占空间外，简直可算零缺点之理想厨伴。

再说到偏爱的锅型，外观简约优雅好看为基本要件；形体方面，则锅柄与锅身之位置比例须合宜，执持时方能爽利轻便上手。应附锅盖，有利蓄热保温。

锅柄须得防烫。木质或电木材质、或借助中空处理减少传热都好，毕竟单手锅最大优点正在于便利，若每次拿取都得先找隔热手套，也未免太累赘麻烦。

边缘得有倾倒口，才能将单手锅特长加乘加倍发挥；尤其若两侧都能开口，以随炉台位置、使用习惯、烹调菜色不同，左右自在倾倒，更是上上最佳。

说到此，不得不提咱家一众单手锅中，我的第一最爱最依赖——是的，当非柳宗理不锈钢单手锅莫属！

可说从乍然邂逅之初便立即坠入情网：这锅，不但以上所提要件悉数具备，最绝妙是，特殊弧形锅缘，倾倒时流畅不漏；搭配同样形状的锅盖，正置紧紧密合，略一转侧则可排出蒸气，还能随转侧幅度大小调节透气多寡。是足能载入史册、也是启发我设计之真谛真义究竟为何的杰作，每次使用都由衷折服。

也因这深切叹服之心，让我打破餐具锅具向来一种只肯一只、从不成对成套的购买原则。多年下来，不知不觉一步步将 16 cm、18 cm、22 cm 全部买齐，我昵称为"不锈钢三兄弟"，日日餐餐相伴，少谁都不行。

偏心太过，常常一顿饭就光靠这三兄弟完全对付，其他锅全遭冷落：16 cm 煮汤，三层钢厚度的 18 cm 与 22 cm 负责炖卤与低温轻炒；三口锅同时开火，短短时间内，两菜一汤飞速上桌，又是轻松一餐。

1. 柳宗理 16 cm
2. 柳宗理三层钢系列 18 cm
3. 柳宗理三层钢系列 22 cm

器之为用，
土锅

　　日本器物研究家平松洋子书里，谈到土锅这一章，语出惊人以《就算地板会崩塌》为篇名……多亏她，每想添购土锅时，这段文字都会浮现脑海，因而仿佛顺理成章得了借口：不打紧，和她可差得远了，还早还早，再多一个无妨。

　　不过话虽如此说，毕竟家里空间小，加之手头也不阔绰，终究还是没胆子买到"担心地板会崩塌"，万幸至今还勉强持守在一个厨台抽屉便收纳完毕的可控制范围——但必须承认的是，和平松女士一样，对土锅特别眷爱系恋难能自拔。

　　土锅是砂锅、陶锅的日文称法。由于家中常用多来自日本，且觉"土"字听来似比砂、陶要更憨厚踏实有味道，遂习惯以此名称之。

　　而坦白说，其实这土锅之爱来得挺晚，直至近几年才突地开窍而后爆发。由于做菜向来最求效率，遂而年少时，总嫌土锅温吞慢热且保养不易，不若珐琅锅不锈钢锅轻巧便捷，更及不上后来坠入情网的铸铁锅导热强传热快。

　　但随年龄增长，却是渐渐打开心防。最初始原因，在于美感。温厚质朴、润泽生光，比起锐利的不锈钢、亮眼的珐琅与沉重的铸铁更多几分沉静雍雅。连锅上桌，总觉盛装其中的菜肴汤品之香与味与韵都更显隽永悠长。

　　那时节，特别偏爱净白色的土锅，尤其日本 4th-market 的万古烧锅，雅致中

1. 云井窑黑乐
2. 云井窑饴釉
3. 云井窑鸭釉
4. REVOL
5. 4th-market

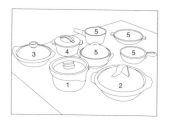

透着些许时髦感，最得我心。即使周遭煮妇朋友都说白色陶土极难清洗，殷殷劝诚还是深色为上；但原就是被外貌所诱的我哪听得进去，果然几年来深为锅中残留褐痕焦渍所苦，却依旧执迷不悔。

唯一例外是法国 REVOL 的炖锅，特殊技术烧制得致密平滑，一点不怕上色，甚至还可直接放入洗碗机洗涤，设计也极简练好看，非常理想；就此成为我的日常炖汤锅，熬煮两人小分量排骨汤、鸡汤一律都由它担纲。只可惜还来不及多备较大尺寸就全面改款，新样貌一点不得我心，空留遗憾。

和云井窑的信乐烧土锅的结缘则是一大转捩。

其实慕云井窑之名已经多年，传闻是京都各大顶级料亭必备爱用之器。但因量少价高且稀罕难得，让我犹犹豫豫好久，直到三年多前在京都幸运邂逅，方才奋勇将基本款的黑乐饭锅抱了回来。

完全不一样！这锅，无比紧致浑厚质地，一开始之升温速度虽还仍略逊铸铁锅少许，但却比一般土锅快得太多；热透后则传导蓄热极沉着稳妥，与铸铁之炽烈大不同；加之独树一帜器型，炊煮出的米饭，一样颗颗晶莹饱满挺立，咀嚼间却迥异于铸铁锅饭的一径绵柔，柔里透着曼妙的弹性，越咀嚼越觉层次个性分明清晰。

惊艳沉醉之余，饭锅以外，当下失了心，一反过往向来对锅具的保守俭吝，立即往其他云井窑土锅迈进。不到一年接连购入锅型平敞、宜于汤品与锅物的 21 cm（约 8 英寸）赤棕色贻釉锅与 18 cm（约 7 英寸）黑色鸭釉锅。

比起饭锅来，少了断热焖蒸步骤，一次直火加热到底，遂更真切察觉云井窑在蓄热上的卓越。不仅短短时间就能煮得润透入味，即使离火上桌，锅里还能千军万马滚沸烫热好久，冬日享用锅品时分最是感动涕零。而通体密密上釉，不焦黏不沾色，连开锅养锅手续都可省去，着实方便贴心。

让我就此摆脱在土锅上长年来怎样也勘不破的色相迷障，重新深刻领悟，所谓"器用"，果然"用"才是本来原点，魅于浮面表象，非为久长哪！

我的，
黑漆漆铁锅三兄弟

前几年，若论锅具领域里谁最红火，当非铸铁锅莫属。各大品牌一波波特惠折扣狂打，销售屡创新高；媒体上书市里社群平台间，俯拾尽是铸铁锅话题。

有趣的是，一路看过来，发现最能引起共鸣、刺激购买欲的，往往不见得是功能，而是，颜色。

不仅素以多彩见长的品牌最受青睐，且一有新色限定色问世，总能引发一阵抢购热潮。脸书上 IG 里，琳琅满目五彩缤纷的铸铁锅列队亮相，更早成一众厨房餐桌美图中，分外声势浩大的一群。

而每每被屏幕上流转的纷呈颜色迷了眼目当口，我总忍不住转眼回看咱家厨房而后失笑……明显与潮流背道而驰之一片阴暗沉郁——是的，虽同为铸铁锅爱用者与重度依赖者，炉台上常驻三口锅，却竟一点光彩不见，一径灰黑雾黑暗黑，我昵称为"黑漆漆铁锅三兄弟"。

其实对黑并无太多偏好，更不曾刻意搜集此色。回想起来，一者应由来自个人向来素朴无华之审美喜好；其次则出乎对这沉重厚实材质的直观感受，总觉沉稳沉着沉默色调才配它。于是不约而同，黑漆漆三兄弟就这么陆续来到，成为日常烹调里不可或缺的重要厨伴。

1. Le Creuset
2. 柳宗理南部铁器
3. Staub

其中年岁最老的，当数灰黑色的 Le Creuset 18 cm 单手锅，早已停产的早期款。算算，来家应至少十五年了吧！其时，铸铁锅于我还是可望不可攀的奢侈品项。碰巧那当口，出了几本书后，媒体采访拍照次数渐多，受不了我总是冬夏各只一套衣服亮相到底的母亲，恼怒寄来一叠礼券逼我添购新装……

结果才进百货公司大门，一眼便瞄见品牌结束代理折扣清仓海报，一回神，已然喜滋滋捧回此锅，母亲的谆谆叮咛全抛诸脑后。

但对我来说，这笔交易可比新衣划算太多！衣服会旧会过时，但这锅，却与我日日长年相伴。特别刚刚恰好的大小、可稳稳手持转动倾倒的握把，加之铸铁锅传热保热俱优越的特性，适合烹煮两人一餐分量的炖卤菜肴；在觅获合心合意土锅之前，连炊饭也靠它。

渐渐越用越上手，对铸铁锅爱意日深；后来，结识了深心相契的柳宗理，当然立刻添一口旗下最脍炙人口的日本南部铁器双耳浅锅。

日本南部铁器是日本东北岩手县盛冈地区传承至今已超过四百年的民间工艺，从厚度到致密度均远胜量产铁器。此锅与原本的 Le Creuset 形制截然不同，中浅深度，宜于锅物、煎烤；虽说相较下得稍微费心养锅，但沉甸甸的锅盖设计，即使满装汤汁、长时间滚沸也一点不溢泄，更胜一筹。

长相最阳刚的 24 cm Staub，则于数年前全新加入行列。对两口之家而言略显硕大，但深度够且同样具备不溢锅优点，用来熬煮常备高汤和炖菜正合用。

三口锅各自分工、各司其职、各擅胜场。一点不需以色相诱，一如柳宗悦柳宗理父子常说的"用即美"，我家厨房里，实用耐用，才真正惹人悦爱、留恋久长。

生活的痕迹，
珐琅的颜色

回想起来，早在珐琅器具全面红火之前不知多少年，我便已与之结下不解之缘。

是的。此生我的第一只锅具，就是珐琅锅——那是大二时，从学校宿舍搬出、首度在外独自赁屋居住。始终吃不惯北部食物的我下定决心自己来，于是，台南家里橱柜中一阵翻找，翻出一口尘封已久、应来自某百货公司满额赠品的小小巧巧 16 cm 单手珐琅锅，就这么携了北上。之后，一口炉、一口锅，怡然自炊自食，安度大学"食"光。

开始工作后，第一次拥有属于自己的小小厨房，小气不想花钱买锅，再次回家讨救兵。这回，又再度挖出同样被遗忘多年、应也属礼赠品的大中小一套三口锅——不知是否家里不爱此类材质，竟然还是珐琅锅。

就这么派上用场，悠悠十数年，在结识铸铁锅与柳宗理不锈钢锅以前，珐琅锅始终是我的厨房最主要战力，煮汤、煮面、炖菜、热菜以至煮奶茶煮饮料全都仰仗它。

因此，长年相伴相处，越来越能平心领会、理解珐琅锅的优缺点：最头痛是容易上色，若用于酱油炖卤菜肴或煮茶，没几次就染上深色渍垢，清洗不易。其次是怕刮，搅拌与清洗都得尽量温柔，否则长期下来，或多或少都有损伤。

然即使如此，还是爱珐琅。除了因表面包覆一层玻璃材质釉料，隔绝金属和食物的接触，抗菌抗酸；且因质地细致平滑，烹煮时也较不易沾黏沾味。

1. 野田琺瑯
2. 月兔印
3. Kaico
4. DANSK

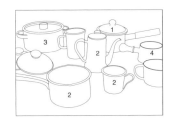

但最动人处，还在于美感和触感。大相径庭于不锈钢锅的锐利、铁锅的沉重、土锅的浑拙，形体轻盈轻巧、气韵优雅含蓄、色泽温润生光，日日眼见抚触，都觉怜爱不已。

特别这几年，有别于早年珐琅锅具的一派温馨家庭风，来自日本、欧洲各地，形式样貌更简洁、且还流露淡淡复古气息的知名珐琅品牌陆续引进。特别日本品牌如月兔印、野田、Kaico 等，融合了日风的简雅与北欧的利落，工法与质感上则更显精细，深得我心。

刚巧，手上这四口锅因岁龄过大，除了锅盖还仍完好，本体多已不堪使用，不得不陆续除役，正好一一换上新锅。且因选择更多样完整，连其余厨用工具也随之加入行列。

到现在，细数一众珐琅伙伴，首要最依赖，当非野田珐琅与月兔印单手牛奶锅莫属。尤其后者，其实是自家店铺淘汰的格外品，手把边缘略有些缺损，且竟还是我素来最敬谢不敏的红色……但因同事极力游说，遂还是带它回家。果然，用来煮奶茶特别顺眼上手，日日早晨都少不了它。

爱悦之深，渐渐竟连沾染日深的茶渍都觉顺眼……"那是，生活摩挲出的痕迹。"——同爱珐琅的朋友如是说。说得太棒，正是如此哪！

用来煮奶茶的珐琅锅

烤盘，
直火之必要

每逢盛夏，周遭煮妇们总会纷纷抱怨，都说暑热天气挥汗做菜太辛苦，热炒油炸菜肴全停了，凉拌以外，干脆全塞入烤箱了事。我呢，虽因厨房采开放式设计，凉快通风，较不受天候影响，但长年偷懒成性，也颇爱轻松省事的烤箱料理。

家常口味简单清淡，烧烤肉类极少，最常登场是烤蔬菜。几乎一点不花什么时间，随手片薄了或切成适口大小排入烤盘中，撒上盐与大蒜、淋上橄榄油，放入预热至 180 ℃的烤箱中，烤至喜欢的熟度，取出拌匀即可。

种类则如马铃薯、白绿芦笋、栉瓜、秋葵、球芽甘蓝、青花椰、白花椰、青花笋、西红柿等耐烤的蔬菜都合适——也曾试着将整棵高丽菜切大片入炉烤，叶缘稍见微焦便出炉，甜脆焦香，口感极好。

若想再多些变化，也多的是信手拈来的素材搭配：油渍鳀鱼、油渍西红柿干、油渍沙丁鱼、火腿培根腊肠腊肉、各种干酪……甚至连咸蛋、豆腐乳、乌鱼子、韩国泡菜等都曾登场，铺于蔬菜表面同烤，更增风味。

烤得上瘾，顺手好用的烤盘自不可少。

早年入厨之初比较不挑：材质耐热，样子简单好看可以直接上桌，尺寸不用大，十数厘米口径、刚刚好两人分量，足矣。

1. Le Creuset
2. Mauviel
3. **かもしか道具店**
4. TOJIKI TONYA

遂多半直接挪用陶瓷西点派盘，中规中矩不过不失。后来，第一次大手笔奋勇买下我的第一口铸铁锅时，顺手将同为铸铁一族、珐琅表层，现在已不常见的这只 Le Creuset 圆形橘色烤盘带回家。这才发现，烤盘之传热蓄热效果原来如此重要，沉甸甸铸铁内里，烤来速度快质感佳色泽美，尤其还可直火加热，得能炉上先香煎再入烤箱烤，烹调可能性更宽广。

就这么慢慢讲究起来，特别对能直火与烤箱两用的烤盘另眼相看，后来陆续添购都非此类不可。

比方 Mauviel 双耳浅锅，素来最具专业名厨锅具相的红铜材质，由于价昂难能高攀，遂多年来只少少备了小小巧巧两只，包括一只迷你酱汁锅与这浅锅。形制规格用来当烤盘刚刚好，效能卓著一点不输铸铁，且还轻盈灵巧十足上相，除了外表容易氧化泛黑，得定期多花些工夫打亮外，简直无可挑剔。

陶质耐火烤盘则是近年新欢，かもしか道具店和 TOJIKI TONYA，一黑一白，都来自日本，敦厚润泽，比起红铜与珐琅来别是另番味道：后者单一只高高耳朵，煞是可爱，只是烫热时拿取得稍微留心；前者则属日本历史名窑之一的万古烧，来源虽古，样子却挺时髦，同类器皿中较少见的正方形体，设计简约洗练，为餐桌增添些许明快利落感。

可直接上桌的烤盘

必先利其器

有些羞赧于承认的是，可能和大多数热爱烹饪的人不同，做菜近三十年，对于厨刀，始终不曾投入太多心思与讲究。

个中原因，在我去年出版的《日日三餐，早·午·晚》一书中曾提及：纯粹出乎挑嘴爱吃、非对厨艺有热情而下厨，加之生性最怕烦琐，一站上厨台，满脑子想的全是如何贪快，对钻研菜式、琢磨精进技巧工法一点不感兴趣……

刀工，当然也包括在内——随手切切，能下锅能吃就好，美观细腻全不肯放在心上。

所以，既已抱持弃守心态，自然不值匹配什么名门名匠绝艺好刀，价格得能无压力轻松负担，可用堪用，足矣。

遂而此生第一套刀组，与我的第一套锅一样，同样"发掘"自尘封台南家仓库里的百货公司赠品，一套五把：中式菜刀与剁刀、西式厨刀、水果刀、磨刀棒以至刀架均齐备，看着军容壮盛，便喜滋滋扛了回来披挂上阵。

有趣的是，一字排开气势十足，但事实上真正用到的却仅有其中两把而已——自小到大几乎没进过厨房、全无任何家厨训练，直到大学在外赁居后才自个儿读食谱摸索学菜的我，菜刀、剁刀抓起来只觉沉甸甸拿也拿不住，实在无法驾驭，反不

1. 柳宗理
2. 金合利
3. 桥木屋
4. 志津匠
5. Stelton

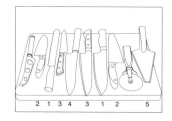

若小个头的西式厨刀、水果刀轻巧自在。

就这么心甘情愿一用十数年，虽老觉不那么上手，所切肉鱼菜蔬粗丑鄙陋难能入眼，但也从来自认皆因资质驽钝刀技拙劣，怪不得人，还敢怪刀？

开始发生些微转变，是邂逅了柳宗理之后，因着对他的锅具的倾心爱恋，一一纳为日用之余，见厨刀价位还在可接受范围，遂爱屋及乌带了回来。一试果然顺手，握感、下刀之舒服爽利都远非先前可比，且还惊讶发现，所切食材不管片、丁、丝都突然悦目不少。

尤其另一把面包刀，锋利非常，不仅切出的面包平整滑顺，连玉子烧、乌鱼子等须得切面好看之物自此也全依赖它。

后来，一趟公司旅行到金门，经典观光路线，第一站便先参观了钢刀工厂，同事们个个肩负妈妈婆婆嘱托大肆开买；受气氛所诱，虽觉柳宗理已经够用，却也禁不住凑热闹跟着抓了两把。

确实不负口碑，金门钢刀比以往惯用厨刀稍显沉重，别有一种安稳感，且雄健勇猛，对付厚实坚硬之物特别在行，令人大呼值得。

但真正最大转捩，当数几年前一趟东京行。其时，因对厨刀原本抱持的"堪用就好"态度已然松动，忍不住逛进以制刀起家的著名厨房工具店日本桥木屋。当场，见刀刃纤薄细致，与平常所用迥然不同，一时按捺不住欲望，竟再度出手……

回家一试大大惊奇。虽因刀之纤细，须得避开高硬度食材以免有伤；但切片切丝之薄之细之齐之美，让原本老是自嘲刀工零分的我，也不禁有些飘飘然起来。后来，又邂逅了另一把价格平易些的志津匠通用刀，效果也近似，这才充分体会日系薄刃刀的好处。

于是就此醒觉，古人智慧之语："工欲善其事，必先利其器"，还真有几分道理——不一定须得追名攀高，然得识其长，而后各司其分、各擅胜场，才是正道。

我爱木铲

有一回，瞄见某知名料理节目主持人在脸书上哭诉，说下厨搅拌时一不小心折断了心爱的木铲，且还连续发文多则，痛惜憾恨不能自已——看得我一时失笑之余，却不禁萌生几分心有戚戚焉之情……是的，我承认，我也身属木铲"控"一族，倾心依赖已然多年。

眷恋之深，不仅厨中日日顿顿都少不了它；每每餐具店厨房杂货店里一眼瞄见，都定然飞奔前去，一一执起端详把玩，若非另一半在旁猛翻白眼继而出言阻止："不许再买了，家里已经泛滥成灾了！"不然几乎每一把都想带它回家。

其实早年开始用木铲，和许多人的际遇一样，多少出乎勉为其难不得不然。那时，传统铁锅不锈钢锅之外，一些较娇弱的锅具如珐琅锅、不粘锅开始风行，使用守则第一条，就是万万不能使用金属铲，以免刮花了锅子缩短使用年限。

当年，早惯了金属锅铲的轻薄利落、好抓好握，特别在硕大中华炒锅里使来，挥拌煎铲切压都流畅爽利，且还叮叮当当清脆响亮；相比之下，不免老觉木铲粗笨拙钝，很不痛快。

家中的木铲

虽然还有越来越流行的硅胶铲可用，但软趴趴使不上力，且多半太过鲜艳的颜色更是不得我心，只好还是硬着头皮勉强开始学着适应木铲。

没料到渐渐习惯后，却竟一点一点用出趣味：

首先是果然不伤锅具，让素来最恋旧的我得以与一众爱锅们绵长相守。继之爱上的是触感，手握抚触都觉扎实温润。

实用上先通过心防后，慢慢外观也跟着越看越对眼，原木自然材质，不管悬吊或插立厨台，甚至直接随锅上桌，都自成风格味道。

且造型变化多端，可适用各种不同用途：扁形宜煎拌，勺形宜酱汁汤品，圆形适合炖菜炖饭……

尤其后来，日常菜色国界类别越来越模糊宽广，日、西、韩、泰、印都有涉猎，但步骤做法却越来越轻简清淡。旺油大火少了，中华炒锅遂不再是餐餐登场要角，反是平底锅炖锅土锅各司其职各有所用，这当口，长长短短形式多端的木铲刚好一一分别派上用场。

而原本以为木质不坚固且易潮湿发霉，却是出乎意料的耐用。一如多年来从木头砧板上得到的领会：天然材料自有其与环境的奥妙平衡之道。经久使用下，色泽虽难免略显暗沉斑驳，却依然老当益壮，其中最高龄者甚至已然坚守岗位十余载，至今仍是我的首选最爱，更加刮目相看。

数大为用，
料理匙筷

　　之前曾经提过，由于喜欢多样拥有、缤纷配搭，我的器皿向来坚持一只一只采买，绝不重复、更遑论成组成套。然而，话说得斩钉截铁，却是直到最近才想起，此中其实还是有例外——厨房里日日必然用到的料理筷、料理匙是也！

　　开始用专用的料理筷做菜，应是受日本烹调习惯影响。中式厨房里虽然也常用到筷子，却似乎多与一般食用筷混用，少见区分——唯一只有下面用长筷，为了防烫，足有普通筷子两倍长，尺度惊人，导致除了沸水深锅中捞面夹面，似乎也难做他用。

　　后来，在日本厨用工具中邂逅料理筷，只比食用筷略长约三分之一，样貌质地敦厚朴实。好奇之下买回来试试，一用就爱上，适切长度，执持手感极是舒服，与锅钵碗皿间的距离也刚刚恰好。

　　用途则出乎意料的宽广：备料时搅打挑拣布菜，平锅汤锅里夹、拣、剪、切、炒、拌，盛盘时拨取、分盛、摆饰……比起昔往惯用的锅铲汤勺与寻常筷子来，委实爽劲利落、精准细腻太多，甚至还差点把向来最得力的柳宗理不锈钢有孔夹从厨房头号拣夹帮手位置挤下。

　　让人不由得再度感叹，这看似简到极致之器，无疑是咱东方人特有之无往不利百用工具、伟大发明，自豪不已。

1. 无印良品
2. 公长斋小菅
3. 柳宗理

也因纯粹实用至上，和咱家食用筷的一律个别单独采买、导致一双双材质纹案颜色表情形色面貌纷呈相反，我的料理筷们，几乎全部系出同源。

此中考虑，在于入厨素来求简求快，一站上厨台，便是同步多工多炉齐开，兵荒马乱一心多用之际，最理想当然是一整把同型同款整齐立于筷桶中，信手一抓立刻堪用当用，哪还有什么心思空闲逐一配对。所以，至今积累共六双，悉数来自无印良品，全体一个模样。

只在最近突然加入新欢：至今已传承五代、百余岁龄的京都制筷名门公长斋小菅，照片上一看就喜欢，立刻订了来。果然，质地温雅润泽，精细刨削表面握感绝佳，尖细筷头则再小巧迷你食材都来得起，想怎么细致唯美摆盘都没问题……若非价格稍高，还真想也比照原来，一口气备它个半打。

料理匙则有些出乎意料，最派上用场的这一组，其实是百货公司周年庆赠品。当年来家之初，向来不爱成套的我本还咕哝着这么多又这么长能干嘛？结果发配厨房后，立刻便觉不凡：略略沉重体量，抓取很是稳妥；长长匙身，无论罐中挖取酱料、锅里翻拌都上手；试味尝味更是方便。

且虽无料理筷的配对问题，但一整组在那，抓谁都一样，忙中别有几分安定信赖感。

　　所以，人说数大为美，然我家厨房里的料理匙料理筷们虽然数大，却非为美而为"用"，此中意义，玩味再三，莞尔会心。

料理筷已成日常入厨绝佳帮手

筛与滤
之多样必要

早就想让咱家厨房里这一众筛网与漏盆伙伴亮亮相了，只不过，还没全摆上，已禁不住开始有些吃惊……虽然早已知阵容坚强，却没料到这么庞大。

是的。自认对各种厨用工具之采买与累积向来谨慎、极度讲求多方多任务弹性运用，若非反复自问、万分确定绝不可少，否则不轻易多买多备的我，从没想过会在同一类型工具上拥有这么多品项。

但事实上，细细审视，件数虽多，却无一来自贪心冲动购买，件件都是再三深思熟虑后才加入行列；且多年下来日日操持，还真的每一盆每一筛都结结实实派上用场，各有所长，缺谁都麻烦。

首先是筛网，颇多出自无印良品，一如此品牌之最得我心处，样貌单纯基本，反更见踏实生活韵致味道。小尺寸滤茶渣酒渣、果汁饮料渣，平的捞汤渣，中的余烫青菜食材。

至于深如筒状这只，则是用途最局限的"味噌汤专用筛"。一如后文提及，长年经验下来，早早就戒断了对单一功能工具的兴趣；遂而，重重心防下，足足考虑了好几年才终于开买，没料到竟出乎意料的合用。

毕竟身为重度上瘾豆制品爱好者，不仅一周至少喝上一两次味噌汤，味噌料理

1. 柳宗理
2. iwaki
3. 有元叶子
4. 无印良品

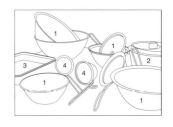

也常登场，以之将味噌搅拌隔细，汤汁滑顺不结块；且独特设计形状，比起一般通用的浅底滤勺来更能深入汤液中，利落上手，当下大叹相守恨晚，的确少不了它。

漏盆，主要作为洗涤之用。最得力当数我深心倾爱的柳宗理不锈钢系列，其实可算大师作品中较晚来家的一批，原因同样出乎买物的保守悭吝——原本家里已有一只自年少惯用至今的白色塑料滤盆，再怎么心痒，也说服不了自己弃旧换新。

就这么一路延宕，终究等到旧物裂损不得不淘汰才终于添购。而这一用果然大为惊艳：整片金属一体成型打造，美感手感上佳，且光滑细腻无死角，一点不担心孔洞边缝卡住菜渣。尤其不锈钢耐热材质，用以过滤、冰镇烫热的食材面条也多几分安心。

尤为折服的是，搭配使用的调理盆也成日常烹调利器。盛装、调制面糊与蛋液，倾倒入锅之际，薄透缘口恰恰能将浆液精准漂亮切断，一点不残漏流溢，不愧巨匠名作，每回使用都赞叹不已。

自此钟情，特别肩负洗菜任务的另一半更是爱不释手，在他坚持下，一口气将 16 cm、19 cm、23 cm、27 cm 全数凑齐。对此，本还心疼叨念他手笔太豪奢，却渐渐发现，各种尺寸同时上阵，大小菜蔬果物一次洗好，再不需轮流等待换用，效率奇高；让从来做菜最是求快求速简的我不得不闭嘴服气。

　　尝到甜头，遂开始逐步松了把关。没多久，连观望好久的 iwaki 沙拉沥水篮与有元叶子长方滤盘都咬牙买下，且果然都能担大任。当下对此类商品更加一往情深——嗯，下一步，该再添哪只好呢?

盛、量、分、倒，
片口与量杯

片口、量杯、茶海、茶盅……名字虽不同，功能却相似。

这些器皿，一致有着筒形身躯、圆尖倾倒口，有的无把有的带柄，少数标有计量刻度、多数则无；功能主要为"过渡"，亦即承接而后转倒或分盛液体之用。

形式近似，然依照国度、用途以至形制有别而各有称呼：日文称"片口"，通常体形较矮胖，古时原本用于将大桶大瓶之酒与油、醋、酱油等调味品分装至小容器；进入现代后因生活形态改变而一度没落。直到近二十年来，随清酒风潮兴起以及料理与器物研究家、茶人的纷纷起用与推广，一转为酒器与料理盛器、茶器，才又重新风行。

茶席上的"茶海""茶盅"，身为饮茶国度子民如你我理应再熟悉不过，扮演茶汁从壶到杯间的中介角色，均匀、分茶全靠它。

厨房里的量杯则明显比前二者更重功能取向，除了承接转倒分盛，还肩负起量度任务。材质以玻璃、珐琅、塑料为多，样式上也较规矩基本少变化。

而在咱家，因日日煮食、泡茶缘故，不管片口、茶盅、量杯，毫无疑问都属长年相伴的重度使用工具。遂而所拥虽不算多，长久下来也积累了几件钟爱依赖者，算不上珍稀名贵之物，却是各有所擅所用。

1. 我的"读饮"
2. 罗翌慎作品
3. 横山拓也作品
4. 山田平安堂

这里头，占比最高还是茶具，但却已脱离茶盅茶海的本来用途——早就扬弃紫砂红泥小壶的我，茶盅与片口除了装盛牛奶以冲调奶茶之外，更常是用来"降温"：由于冲泡绿茶所需非为沸点温度，炒青绿茶如龙井、碧螺春约80℃，蒸青绿茶如日本抹茶、玉露、煎茶约50~70℃，遂得先将滚沸热水倒入盅里静置冷却片刻方能取用。

其中最派上用场的，当数早年自己设计的"读饮"茶具系列中的小盅，左右设有小小垫片以能防烫，形貌颜色静白单纯，和任何茶壶都搭，150 mL 一人份容量，独冲独饮正合宜。

茶之外，还有咖啡，通常选的是体积大些的茶海或气质较显雅致的珐琅量杯，架上三角滤杯、聪明滤杯，比一般常用的玻璃壶来得好看有味道。

另一惊喜是今年新得的、台湾陶艺家罗翌慎的茶盅，某日随手放上市售咖啡挂耳包，发现竟宛若量身定做般，尺度大小加之略微外翻的口缘，恰恰能将挂耳包撑张扣合得刚刚好，一路至今，冲咖啡还比冲茶多。

数量略少于茶海茶盅，却同样角色吃重的则是厨用量杯，量度分倒之外，我的习惯，喜欢直接在体量较大或矮胖的量杯里调拌沙拉酱汁、蛋液，浇淋入盘或入锅不仅顺手流畅，且容易控制分量。

　　至于餐桌上，即使日本一众器物书中所勾勒铺陈之摆盘画面再优美，但可能因手上这几只片口都偏小巧，加之家常菜色大多还是台味担纲，少见如日式料理般的精巧分量，遂始终还是用于酱汁、而非菜肴。

　　特别出自日本陶艺家横山拓也之手的片口，扁圆形状、握感绝佳，盈盈青绿色泽，装盛现磨山药泥，清碧粉白交相映，光用眼睛看，便觉清凉沁爽，胃口大开。

锅垫，
勇壮为上

前章谈过杯垫与茶托盘，我想大伙儿应该已经多多少少觉察，是的，我对各种"垫"，似乎特别执着。而相较于前二者，更加倍不可或忘或缺者，当非锅垫莫属。

几乎没有任何侥幸！比起杯具壶具来，烧烫烫的锅子直接接触桌面，定然立刻烙出一圈或惨白或焦黑的印痕，无能挽回。对挑剔煮妇而言，是绝对不可等闲忽视之上上大事。所以，几枚可随手随时抽用的好锅垫，早成居家厨中之必有必备。

锅垫之选择，毫无疑问从美观到实用度都需经得起最严苛审视考验。特别美感，与其余大多只在厨房中当值的工具不同，由于常得随锅子一起上桌，若样貌不够优美，怎对得起搭得上一桌子细细精挑选配之锅碗瓢盆筷匙杯？

但太抢眼也不行，毕竟只是垫底的配角，太过炫目未免失了分寸喧宾夺主，还是谦逊些好。

所以，虽不曾太刻意讲究，但跟随多年的几只锅垫，样貌大多安静无华，素朴质地颜色，看着用着都舒服。

材质，则远比外观要更显重要，足够防污防烫为首要之务。所以，常见的布质锅垫一来容易沾染油污且常留下痕迹，二来隔热耐热效果较差，遂早早就淘汰放弃不用。

1. Azulejos de Fachada

藤、草、木则是此类工具中我向来偏爱的素材；质感触感一任天然，体量轻巧，耐用度也高。但长年经验下来，发现还是有些眉角。

　　尤其近几年，所用锅具越来越讲究，像是传热蓄热效能卓著的锅类，比方沉甸甸的厚重铸铁锅，以及艺匠职人精心烧制、质地紧实致密的日本土锅，经久熬炖后，即便离火好一阵子，锅内犹然万马千军热烈滚沸中……这当口，若贸然置于不够勇壮的锅垫上，必然遭遇不测。

　　我便曾冒冒失失以我的云井窑爱锅将一枚美丽草编锅垫烙烫成焦黑，痛惜痛悔莫及。就此得了教训，只敢以较硬质坚强的木质、藤编锅垫对付。

　　后来一趟葡萄牙之旅，Azulejos 彩绘瓷砖之国，看之不尽的美丽瓷砖画建筑外，餐具店纪念品店里，满满都是瓷砖锅垫。但我却一路全不动心，只因花色纹案太过斑斓鲜明，有违我对锅垫的素来低调要求。

　　直到旅途最后一站里斯本，来到 Alfama 平民区，不知是否被这儿更显朴拙直率的市井风格瓷砖魅惑，渐渐失了心防；遂在巷弄间偶遇的年轻瓷砖艺术家工作室里，买下了这只蓝纹瓷砖锅垫。

　　归来后派上用场，竟出乎意料的上手合心。当然最宜是铁锅土锅，同属千度高温淬炼烧制而成，可谓势均力敌棋逢对手，一点没有烫坏烫伤之虞；且面积比其他锅垫来得硕大，与大口径锅具正合衬。

而原本担忧颜色图案太过抢戏，却因最常迎战的柳宗理日本南部铁器浅锅和云井窑土锅之造型外貌个性都强，视觉上极是旗鼓相当，刚刚恰好。

大盆小钵
用处多

　　几度提过，即使早年曾一度被冠以"恋物作家"之名，然随年岁阅历与心境的增长渐老，物欲越发清寡淡定。不仅数年前趁自宅翻修时机，一口气舍离了家中大部分器物；且购买上也越来越谨慎保守，除非绝对必要确实有缺，等闲不再多做张看，更遑论添新。

　　但话虽如此，总还是有那么几类例外，若店家里旅途中久久一次不期而遇，仍会忍不住心猿意马停下脚步，珍重捧起细瞧，甚至抑遏不住心痒冲动出手买下。

　　——其中一类，是各种形貌尺寸的盆、篮与钵。

　　当然一律皆属天然材质：木、藤、草、竹。大者须得双臂环抱、小则足可两掌盈握，样式高高低低深深浅浅不一，色泽纹路各见样态丰姿。

　　你问我，累积这么多盆钵究竟何用？用处可多了！餐桌上盛面包、水果、沙拉，厨台上收纳不经冷藏的根茎蔬菜果物、须得快快吃完的小袋点心饼干零食、等候品试的茶酒食物样品；厨房之外，还有手边经常取用的各种零零星星文具工具小物，全得仰仗它们大肚收容。

　　几年前在《家的模样》书里谈自己的收纳哲学，洋洋洒洒七大守则之最后一条："适度保持从容随性。偶尔容得一点不经意小小淘气般的凌乱，则是另番

家中各种形貌尺寸的盆钵

自在生活味道。"

　　——事实上，这小小不经意的凌乱，便多亏这些盆钵帮忙，才能乱得自成章法。

　　而回头细想，开始对这些盆钵发生兴趣，始自二十年前，我的第一回巴厘岛旅行。

　　那时节，岛上还未如此刻这般游人熙来攘往如织。特别乌布，犹仍一派田园处处悠闲景象。有限的店家里，除本地手作工艺品和绘画外，还穿插些许从民家流入市面的二手家品家饰家具。

　　这里头，一举攫获我心的，便是这一个又一个的盆钵。整块木头雕凿打磨而成，表面泛着日日经久摩挲使用后隐隐绽放的润泽幽光，温暖美丽非常；比起新品来更显浑拙朴美，一见就爱上。

　　迷得我一路走一路看，一点顾不得硕大笨重不易携带，细细拣选了几只回来。果然，一进咱家厨房，便立刻自自然然融入其中，逐一派上用场，仿佛天生原本就该在这里一样。

　　自此结缘，日后旅途里，我总是不知不觉沿途留意起类似的物件。随时代流转，整块实木的不免越来越少也越来越难高攀；于是，藤竹材质也渐渐纳入收藏，不同于木钵的沉着敦厚，轻盈纤巧，又是另番风致。

当然第一钟爱还是当年从巴厘岛奋勇扛回家、形体最硕大厚实的这只木盆。最露脸是年年白露前后文旦季，一大箱上好麻豆老欉文旦柚从家乡堂堂寄到，一颗颗在盆里高高堆叠成宝塔状，一整月幽幽散送芳香，好个应节丰饶意象！

印尼巴厘岛木盆

装罐上瘾

　　不知从什么时候起，发现自己很爱"装罐"。食材、干货、调味料、各式粉类、手工饼干、点心零嘴小食，甚至日常吃的中西药……只要不须冷藏、也非一两天内会立即吃光用掉，特别是包装不美或封口困难的，除了少数如茶叶咖啡豆等生性怕光素材须得另案处理外，其余，定然立即动手拆掉包装袋，选一只大小合宜的玻璃罐重新装填密封保存。

　　有人笑我挑剔作态、一点不怕烦琐麻烦……不不不，错了错了，我的装罐癖之养成，固然一部分出乎对美感的挑剔耽溺，但事实上，忙（懒）煮妇如我，向来最求速简重效率、从不自找麻烦。

　　——长年家事打理心得，早就太明白知晓，世间所有事都一样，眼前躲懒，往往意味着收拾不完的后患，还不如第一时间立即顺出条理，才是真正轻松安逸之道。

　　装罐，便是绝佳之例：透明容器一一盛装起来，不但一目了然，查找拿取容易；最重要的是开开关关快速方便，比起既有袋装之或得靠橡皮筋反复系绑，或得一次次拉扯按压越来越不牢靠的夹链来，无疑舒服爽利得多。而且罐装密合度高，相对食物较不容易变质受潮，美味耐久，更加经济划算。

　　而多年装罐生涯，累积了各种各样不同的玻璃罐，也渐渐琢磨出爱用惯用的罐型。这里头，说也奇怪，市面上口碑绝佳备受传唱爱戴，且造型美风格佳遂在 IG、脸书与视觉系食谱书上分外风光的几大欧美"名牌罐"，虽曾尝试使用，却总觉不易上手。

原因在于，一些看似贴心的所谓巧思，像是分开的密封夹或金属罐盖，对我而言多多少少都有开阖或拿取不便的问题，远不若老老实实传统罐型合意合心。

最偏爱是下压式环扣设计、白色垫圈的意大利 Bormioli Rocco Fido 罐、日本星硝罐，样貌素朴敦厚、经久耐用、密封度高，且从罐盖到罐身全为玻璃材质，装盛任何类型食物都安心合宜。目前所拥多个，不少都已陪伴多年，每有装罐需求都最先想到它，是我心目中第一首选好罐。

以胶圈上盖直接扣合形式次之，密合度虽无法和前者相较，但使用上简单利落，也有优点。金属旋盖样子好看，但为避免生锈，还是只留着对付干物为佳。

至于其他难以严密封盖者，比方使用软木塞或全玻璃上盖材质的罐型，则纯然情调取胜，只能用在不需顾虑空气湿气、甚至本身附有包装之物上。

形色瓶罐，各有所用之外，也颇赏心悦目。尤其几年前自宅重新翻修改造，有了开阔阔的中岛后，摆放空间多了，更是装罐上瘾，还乐得一罐罐全不归架，直接置放厨台上。大家伙儿肩并肩长长站一排，成为居家里分外迷人一景。

1. Bormioli Rocco Fido

分装成癖

去年，因《日日三餐，早·午·晚》出书缘故，开始接受媒体针对此主题来家拍摄采访。有趣的是，过程中除了谈烹调、菜色与日常四季餐桌之乐外，另一引发高度兴趣的话题，当非我的厨房收纳莫属。

尤其正式开炉做菜之际，每每拉开冰箱冷冻柜，总会引发一阵骚动，大伙儿一拥而上、争相围观抽屉里满装的一盒盒一袋袋一份份各种各样各经审慎分装的食材，啧啧赞叹吃惊。

——其实也没有什么稀奇，小家庭厨房求生方罢了。

可算平时网站上日日贴文分享三餐之际最常碰到的发问之一，都说一人两人之家很难买菜做菜，特别分量极难拿捏——但对忙（懒）煮妇如我而言，二十几年掌厨下来，却反而觉得可以少少做自在吃，很是轻松省力畅快。

其中要诀，只要掌握"小量分装、分次享用"之道就好。

所以，别老想着一包菜一枚瓜定得一次吃掉，一材多用、聪明保存：第一回凉拌、第二轮锅炒、第三次煮汤……做法不同、调味与配料不同，不怕多不怕腻。

最重要的是善用冷冻。事实上，鲜蔬之外，可冷冻食材远比想象多得多：各种肉类或鱼、头足类海鲜、面包馒头水饺馄饨、常备菜以至渍物干货香辛料……都能

1. LUEKE
2. 米饭保存碗

冻都能存，不仅可精确控制分量，还可多备可用素材。

因此，早年乍一尝了甜头，到现在简直有些"分装成癖"；从采买当口就开始忖度估量，这该分几顿、装几份？一到家便立刻趁鲜切、分、封、急冻完成。

而如高汤、米饭等，一次煮一大锅分盛备存；甚至连从餐厅打包剩菜回家，也不一定非得几天内消化掉，稍作区分处理后冻起来，日后慢慢留用，不仅惜食不浪费，还可有效撙节调理时间，一举多得。

分装方法与材料，早先多半依赖密封袋和保鲜膜，却越来越觉太不环保，尤其密封袋若盛装的是干燥无油食材还可清洗后再利用，保鲜膜就非得丢弃不可。遂开始动念寻找可永续使用、形式好放好收、且颜色样貌尚称素朴可接受的分装容器。

首先觅获的是米饭专用保存碗，可排气密封、可微波耐热，一枚枚饭碗形状大小，盛装估量都方便，对早习惯随时储备"存饭"、以能快速开餐的咱家合适刚好。

高汤盒便颇花了些时间细细搜罗比较。后来选的是西班牙品牌 LUEKE 的分装盒，硅胶内里，碰触带油分的汤品相较塑料来安心许多；盒身连盖设计取用利落，还可直接跨扣于洗碗机架上洗涤，除了盒盖容易松开是一须得多加留意的小小缺点外，可称贴心。

至于保鲜盒则多年来累积无数——几乎用不着花钱买，光是各种消费积点礼赠品就足够满堆一橱柜。只可惜因体积较大，空间较充裕的冷藏柜尚能多用，冷冻库则大多不够轻巧轻薄好叠放……每说到此就不禁期盼，若市面上能有更细致多样的此类商品，该有多好。

那些，派不上用场的
"专用"工具们

我的厨台角落里，有那么几格空间，是平常极少垂顾碰触的——里头安放的是，已久久不曾使用的厨房工具：

意大利面度量板、洋葱切丁器、小黄瓜切丝器与挖球器、水果去核刀、蒜头压泥器、分蛋器、柠檬榨汁器、生火腿夹、煮蛋器、迷你量匙、迷你刮刀、迷你搅拌器……都是来家至少十数年岁月的旧物了。有的早年一度惯用爱用，有的则可能出场一两次便抛诸脑后，有的甚至一次担纲机会都没有过。

曾经年少时，对这样设计别具巧思、各有专门用途的厨房工具分外着迷，每每旅行之际，总爱在此类店家里流连不去。

最诱人是在日本生活杂货店，一板一眼挑剔究极民族性，几乎每一常见食材菜肴都开发出专用工具。一一端详，总忍不住萌生各种幻想，以为有了这些小物的帮忙，便能跨越手艺的稚嫩生涩，把菜做得飞快精细漂亮。

好在当年愿想虽大，购物胆识和荷包却都不够丰足，无法真的失控大肆采买；但审慎添购下，几年下来也还是陆陆续续累积了一定数量。

但却是很快便发现，所谓"专用"，反而多了局限少了弹性，不见得真的"实用"。

特别忙碌太过的生活步调里养成的慵懒怕麻烦脾性，逢到做菜上，更是一味偷

1. 意大利面度量板

2. 洋葱切丁器

3. 小黄瓜切丝器

4. 水果去核刀

5. 蒜头压泥器

6. 分蛋器

7. 柠檬榨汁器

8. 生火腿夹

9. 煮蛋器

10. 迷你量匙

11. 迷你刮刀

12. 迷你搅拌器

13. 挖球器

14. 切蛋器

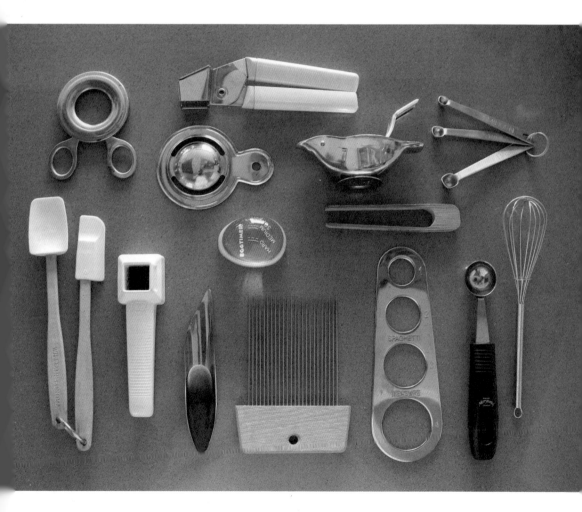

快偷工贪求效率。每每三炉齐开十万火急当口，自然而然每一步骤都力求简化简单直觉解决，哪来的闲情闲工夫细细考虑此时此刻这根葱那枚蒜这把菜那枚瓜该归哪件对付，且事后清洗还多嫌累赘费事。

尤其渐渐入厨多年后，刀工厨艺即使说不上精进，但至少勉强有点熟练；遂益发清楚明白，与其累积形色各款看起来厉害的削切器具，还不若投资一把好刀来得多工多用、利落实在。

最重要的是，对做菜的看法一年年越来越洒脱不羁——原就不是善烹大菜名菜之厨艺大家，既言家常菜，不过就是年年季季月月日日不断流转的寻常日常，简捷率直爽朗为上，委实用不着太过苛求整齐细腻美观。

所以，切丝、切丁、压泥，一刀在手剁切削挖压拍了事；榨汁、分蛋、分排生火腿则手指万能；量意大利面、煮蛋时间？事实上若真求准确，直接称重计时更牢靠；至于那些小巧迷你工具，说真的与其还得开抽屉翻找，干脆抓根长匙比较快。

遂就这么一一打落冷宫，每回取用其他物件时，抽屉一拉开，眼角瞥见这群久不见天日、寂寂寥落神伤的小家伙们，总难免心上歉然。

因此早早便戒断了对所谓专用工具的耽溺。至于已经购置的，却也并未全如其他厨房器皿般，一旦派不上用场便一律淘汰舍离，反是斟酌重点留了下来，算是一种警醒吧！不时提点自己，家常厨事，越是单纯极简，越能自由开阔、细水长流。同时，也对厨器之何为堪用何为无用，又多几分省思与咀嚼。

返简归朴，
烘焙工具

前篇《那些，派不上用场的"专用"工具们》在网络上分享时，回响出乎意料的热烈，读者们纷纷加入话题交流心得，一路聊到，烘焙相关工具显然也在这闲置排行榜上颇占一席之地。

令我一时莞尔。但刹那萌生的并非心有戚戚焉的同病共鸣，而是庆幸。

是的，早从年少时开始涉足烘焙领域便已心知肚明：这可是恶名昭彰一大钱坑哪！若不知节制，任由物欲横流，绝对劳民伤财满坑满谷难能收拾……遂而小心谨慎非常，能少就少、能兼就兼、能省就省。每每添购前，必然思前想后考虑再三，若非百分百确定非有不可没它不行，等闲绝不轻易出手。

还记得当年，有感于烘焙与做菜不同，非为独自摸索就能一蹴可及举一反三无师自通，太多理论概念须得彻底弄懂，遂接连上了几堂西点与面包课。

那当口，无比旺盛好奇与求知欲作祟，我成了课堂上最聒噪多话的学生，一整堂频频举手不断发问，问题除了关乎本质原理的"为什么"，次多的就是"如果没有或不想买某物，可以怎么做？有没有其他工具可代替？"

想来应把老师和其他学员烦吵了个不可开交，至今忆起仍觉羞赧。

好在有当时的持守，基本初阶知识熟习之后，个性使然加上本就分身乏术，

家中仅有的烘焙工具

忙（懒）煮妇如我，终究不曾真的成为烘焙高手与狂热者。尤其随着岁龄增长，看待食物越来越浑朴本真，做菜也越来越直觉简单，对此更加冷静熄心。

当然并不曾因此全舍了烘焙，宅性坚强、最爱在家煮在家吃的我，有些面包甜点还是喜欢自己动手。但那些繁复多工精雕巧琢的华丽品项一律敬谢不敏，横竖怎么样也做不过外头卖店，偶尔在外打打牙祭已然足够，日常食，朴素单纯极简就好。

于是面包类，只做最三两下就可完成的快手基本款佐餐面包、Pita 口袋饼、比萨；蛋糕类，则光磅蛋糕、手工饼干就可对付平日所需。

你问我会否单调？一点也不哪！一如我多年家常烹调心法，一年四季随时流动、千变万化的当令食材才是主角，光是彼此之交互配对组合已然目不暇给眼花缭乱、吃不尽尝不完，当然乐得不用忙累多生事端。

看待烘焙工具也是同样心态。多年来依然极少多备多买多余工具，特别电器类更是敬而远之。

即使偶有动念略添一二，奇妙的是，也并不真的爱用，至今手边钟情依赖的，大多数依然是二十多年一路陪伴至今的这原始组合：量匙、刮刀、打蛋器、擀面棍、面粉筛、面团切刀与割纹刀、蛋糕模各一、几只盆钵，足矣。

再度反映此时此刻看待器物看待生活的见山是山。

是的，从来不必要的拥有反成压力与负担，少，方见清明开阔，返简归朴，才能灵动自由。

厨房里的分秒

　　十数年前，因一些缘故，妈妈曾在我家住了一段时间，是我定居台北后，极难得的一段母女日日朝夕相伴时光。由于长年分隔两地，生活与入厨习性已有差异，遂不免衍生些许小小趣味事，点点滴滴，总常在日后忆起，咀嚼不尽。

　　还记得，才住下两天，她便忍不住困惑提起："你的厨房里怎么那么多怪声，一整天哗个不停？"浑然状况外的我当下一头雾水，再一追问才知，原来是各种电器与定时器的响鸣。

　　这才惊觉，原来我的周遭，其实充满了各种提醒声音。

　　是的。在家工作忙碌还得兼顾下厨，加之重度饮茶习惯，一整日里，总是书房与厨房间不断两边奔跑，一面埋首电脑前奋战、一面打理三餐以及日常茶事。

　　虽为配合这独特生活节奏，居家格局刻意做了因应，书房与厨房紧邻且相互通透，无论置身哪方，转头便可两边查看；但为避免专注入神太过误了厨事，多年经验积累下，遂一一设下重重机关以为防范。其中之一，便是这些哗哗作响的计时工具。

　　几乎已成反射动作了！每每厨里动作到一阶段，进入等待时间，不管是等水沸、等汤滚、等腌渍或炖煮熟软入味、等面团发酵或松弛、等茶泡开……就算短短只有

各种计时器

几分钟，我也定然按下定时器，然后或是转而进行另道菜的处理，更多是返回书桌前继续干活，一边等待警醒声依约响起，再返回厨台进行下一步骤。

而有趣的是，我的计时工具们，和一般常见惯用的很不一样。嫌相关市售电子产品多半呆板丑笨，等闲全看不上；早年因此买下一只欧洲品牌圆筒造型定时器，样貌洗练极简、颇具时尚感，还可磁吸于冰箱上。

看似美观方便，可惜时间一到铃响震天，让人大吓一跳，吵得向来最禁不得喧闹的我为之神经衰弱，自此沦为纯粹冰箱磁铁，再派不上真正用场。

结果到头来竟渐渐发现，根本全不需另外添购，一众厨用电器都附有定时器，且一一近在身畔，用不着费事另外取用，伸手一转一按就好。

所以，从蒸炉、烤箱，早期还有电热水瓶（日系品牌为方便面而做的贴心设计，然在我家倒是鲜少用于泡面，反是泡茶为多），新近则连电子秤都配备，除既有功能外，就这么一一肩负起计时任务，护着我不至于烧干了壶烹焦了锅煮糊了面泡涩了茶，着实好帮手。

当然，守旧如我，也还是留用了那么一件老派计时工具——沙漏。不鸣不叫，就是在沉默里任光阴流泻一空……

然这般优雅安静，在紧凑生活里却显得如此奢侈，因而总是很难用得上。只能久久一次，不用奔忙不贪多工，能够餐桌上闲坐泡茶、喝茶之际，才轮它登场，定定凝视沙粒徐徐而下，分分秒秒，都觉怡然悠长。

日 用 之 器

桌花，
宛若在原野中绽放

醉心日本茶道美学多年，茶圣千利休训示弟子的"利休七则"：

"茶应沏得适口合宜。

好好添炭煮水。

鲜花要插得宛如在原野中绽放。

夏天保持凉爽，冬天也能温暖舒适。

在预定的时刻前提早做好准备。

凡事未雨绸缪。

对人将心比心。"

——简简单单，却是每回默诵，都能读出无穷深意，成为生活甚至人生里不断自省、努力信守的隽语。

这其中，特别"鲜花要插得宛如在原野中绽放"，更是一见便忍不住莞尔、继而深心相契之句。

简直拿着绝佳借口！插花一任率意随兴如我，从来不管什么流派规矩章法，光就是稍微修剪后随手往花瓶中乱扔一气；且花材也简，不爱多样搭配布局，全靠单一花种独挑大梁，只随四时季节流转而变换……这会儿，既得大师箴言挂保证，当

古早柑仔店的糖果罐

然就这么自顾自理直气壮任性下去。

是的。早从二十几年前、有了自己的固定居处后，咱家餐桌上总是时时有花。记得年轻时、还在室内设计杂志任职之际，一位设计师对我说，居家里最美丽的装饰，是书，还有花，令我深以为然。

到现在，满架藏书与鲜花瓶插，始终是家中最动人的景致。买花、摆花，也和买菜、煮菜一样，成为习惯成自然之日常生活事。

但说来奇妙的是，频繁插花，花瓶虽不可少，所拥数量却不多，长年积累至今，也不过寥寥数件；且材质极度单一，光光就是玻璃一种而已。

原因出乎我的一贯器物观点：花才是真正核心主角，作为盛器，极简谦逊为上，变化太多虚华太过，反而平白喧哗抢戏。遂而，透明简净、清透无华，不仅最能衬托花之颜色姿态，且还清晰能见枝茎之交错挺立，更添风致。

最重要的是出乎实用考虑，瓶水之多寡与洁净程度、花茎健朗与否，何时该添水换水剪枝一目了然，一点不需揣测猜度，自在安心。

细数手边这几只花瓶，跟随最久、与我最有感情的，当数圆壶罐型这只。前身是古早柑仔店的糖果罐，浑拙朴实手工玻璃，形状既敦厚又雍雅，是早年采访台湾

HIROY GLASS STUDIO

民艺专题时，在某收藏家那儿一眼望见便爱上，蒙他慨然相让。珍重爱用至今，最宜数大多花、一整捧丰饶盛放。

一高瘦一矮胖的方形花器则随花礼而来，基本款到几近无聊，却反而极派上用场：前者几乎不管什么花都能配能搭；后者就比较麻烦，个头矮矮、尺度宽宽大大，花朵放进去便先倒栽葱、不好固定，且数量不够也很难好看。

但若收到丰盛肥硕圆蓬蓬花束，不忍放着不管，想立即拆开，剥去纯装饰多余叶材，好好插水让花儿们舒展透气。偏偏所拥花器不是太小就是太高，这时就得请出它来，选几枝长度够的先入"缸"交互卡紧后，其余一股脑全插进去，任其各自横陈……看似乱无章法，但餐桌上看着，渐渐总能玩味出些许率意之气，也是乐趣。

蓝与绿与紫这三只则为这几年迷上的日本玻璃艺术家作品，分别为 HIROY GLASS STUDIO 的花冈央、星耕硝子的伊藤嘉辉以及 atelier Mabuchi 的马渕永悟之作。比起民艺与基本款来，多了隽永的匠艺与雅逸的细工，形体也小巧，少少只插数枝便有模有样，颇省买花钱且不占空间、得留桌面宽阔清朗，是近年新欢。

1. atelier Mabuchi
2. 星耕硝子

2

"园无为而治"

在此诚实招认，自小到大，我对植物非常不擅长。即使是最单纯基本盆景盆栽，一旦落入我手，无一不是短短时间便死于非命悲剧收场，使我万分挫败遗憾。

然后，二十多年前入住此宅，当年公寓大楼一度常见的设计，阳台上附有大大花台一方。虽说诚惶诚恐接下任务，但果不其然，才没多久，原本既有植物相继枯死，之后不管再种什么，从浪漫的香料香草，到据说到哪都能活能长的野菜野蔬，十几年来屡战屡败，从来有缘无分难能相守。

当然多少知道原因所在：一来人懒怠迟钝心不在此，对植物状态很不敏感；二来阳台朝南日头炎炎，非为耐旱耐晒品种极难存活；最致命的是旅行频繁，实在无能无力持续密集照料。

最终只得死心绝念，任它杂草丛生一片蘼芜，野草自生花自长——道家治世最高境界称"无为而治"，古有园林教科书名《园冶》，我遂自嘲"园无为而治"，且就顺其自然随它去吧！

直到 2013 年小宅重新翻修，全家面目一新，没道理唯独花台荒废如旧，只得打叠起精神，重新振作再次挑战。

这回，特意找了专业园艺公司来，将过往景况和盘托出坦白交代……"多肉植

种上多肉植物的花台

物如何？久久浇一次水也不怕，也不用花太多心思照看，应该合适。"对方建议。

既如此说，且就试试看无妨。

首批种下的是唐印和龙舌兰，并颇有画境地点缀些许大小石头，雅致中透着奔放缤纷，小小花台，却宛若拥有了一座庭园般自成天地，很是悦目；之后，又多添了石莲花和左手香，更显热闹。

而也确如其言，果真不费什么气力便得一窗绿意盈盈，龙舌兰长得飞快，唐印则随冬日气温越低而由绿转为艳红——静静凝视这随季候而流动的勃勃生气，成为常日生活里的一大乐趣。

当然也不是真的除了偶尔浇水外全无作为。毕竟是有生命的活物，难免有消有长有生有灭，好在多肉强壮，相较其他植物来，那变化似是悠缓宽容许多，遂能在这日日静观里，徐徐琢磨出因应对待之道。

比方一开始纯粹只是把枯干朽老部分修去，并随手将剪下的多余翠叶绿枝插埋土里，没多久竟发新芽。欢喜中遂渐渐大了胆子，开始定期修剪拔高或徒长或开花的枝叶，另外插枝繁殖。

但毕竟仍不专精，过程有得有失，但可喜还能勉力维持葱茏碧绿。且从后来几次与室内多肉盆栽的相处经验看，呵护关注紧迫盯人太过反而添乱，还不若放手放开，随时随势而动而走，人与植物都自在。

至今七年多，花台样貌比当时明显有了不同：三棵龙舌兰们不仅还都健在，且一边儿自己长得庞然、一边儿开枝散叶儿孙满堂；石莲花随插随发，取代曾经繁盛的唐印成为另一霸，左手香在近年越来越炙热的炎夏摧残下终究没能活下来，然信手插上的一株随花礼而来的"兔耳"，却自顾自茁壮成硕大。

"园无为而冶"，想到多年前曾经自嘲的话。一如老子《道德经》之说："道法自然""生而不有，为而不恃，长而不宰"……有为与无为之间，生灭消长得失守离之间，是另重咀嚼玩味不尽的，人与物之道之会之缘。

光阴哪！
请你慢慢走

不知从什么时候起，发现越来越多朋友不戴表、不看钟……"看手机更方便啊！"他们如是说，让我顿有恍然大悟感——也对。数字时代生活模式，手机须臾不离身；加上电脑以及身边各种电子式电器上也都有时刻，欲知时间为何，随手顺眼一瞄就好，哪里还需要看表看钟。

虽然听之有理，但说也奇怪，是个性上作风上的素来老派吗？这么多年来，我却始终对此趋势视若无睹浑然不觉，想知道当下几点几分，直觉还是抬手看表、转眼看钟。

遂而家中各角落总是一定要有钟。小户型居家，为显清爽宽敞，有限墙面须得尽量腾空留白，因此长年习惯依赖桌钟，且通常是个头娇小不占空间的小钟。

而古板守旧如我，总嫌早已风行数十年、一目了然的电子钟冰冷无味，从不愿列入考虑；一定只肯要的是，有钟面有钟点、时针分针秒针一应俱全的传统时钟。

尤其必不可少是秒针。凝视那细细修长针影一圈圈悠缓缓滑行，仿佛窥见时光点滴流逝的脚步与轨迹，是意趣，也是警醒。

时分标示，则喜欢清晰数字远胜大小粗细线状或点圈刻度，更多些明明白白交代、不故弄玄虚含糊的爽朗感。

各式简单的桌钟

造型，则略有些拉锯：曾经依随素来审美倾向，坚持简净雅洁就好，遂而早年惯用的几只钟，形状长相都一任直正四方，素朴无华。

但渐渐却觉这般单纯寡欲模样，似乎并非心内真正想望；反是年少时不知哪儿随手买来的一只复古形式、上端两侧戴有钟铃的银色金属闹钟，床边陪伴多年，竟越觉合心顺眼。

当然从来不曾真把它当闹钟用。试过一两次，大鸣大放震天嘎响，轰得素来最怕吵的我，一早起便头痛欲裂仓皇失措。遂就让它保持静默，纯粹安于桌钟角色足矣；却反而细水长流，越看越用越有味道，日后添购，渐渐也都以此类钟款为目标。

此中因由，我想一如大部分的古典经典设计，漫长岁月一路淘洗淬炼至今，原就比新物件新作品来得隽永耐看。

最重要的是，居家里的桌钟，显示的是生活里日常里的时间——应是出乎深藏心底的欲求吧！紧凑奔忙步调里，总盼着能再慢些、缓些，分秒时刻，都能更多些闲情，徐徐活出、过出、品啜出余韵滋味。

所以，不想依靠手机电脑，不要直截干脆的电子钟；宁愿时针分针秒针慢腾腾一圈踅过一圈，宁愿复古桌钟的仿佛连结旧日昔往……

光阴哪！即使心知肚明注定如梭似箭、难追难留，至少视觉上氛围上，愿能借此多得几许余裕与悠慢，这样就好。

各安其位，
面纸盒套

从来，我对美对功能实用的执着，食器之外，周遭所有生活物件也同样挑剔，容不得任何迁就敷衍。这样的脾性，尤其逢到各种大小日用、特别是消耗品，不免万分头痛，怎么样也挑不着满意的商品。

垃圾袋、抹布、菜瓜布、面纸、各种清洁保养品……可以收纳橱柜抽屉者犹能忍耐，非得置放晾晒在外的，每每即使上天下海狂搜疯寻，也不见得都找得着既合用又能外观朴素优雅美观的选择……

到后来，如何"遮丑"，遂成日常居家布置整理的一大课题。这中间，"面纸盒套"可算颇有心得的项目之一。

受不了市售面纸外盒的总是俗艳扎眼，在我家，不管所用何牌，一律不准真面目示人，一定套上或重新装入另外购买的面纸盒套才可亮相。

而有趣的是，也许出乎长年操持家务的经验与敏锐，虽说不曾刻意，有缺有损才添换，也不曾细想过谁该属哪里归哪里，但多年来几经轮替，自然而然，各角落固定摆置的面纸盒套之形式材质功能长相，都与该空间属性无比合衬：

比方餐桌畔的藤编面纸盒，来自巴厘岛的手作工艺，一派天然朴实却细致，跟随我已近二十年，至今仍是我的最爱最依赖，当然稳坐我最留恋最享受之所。果然，

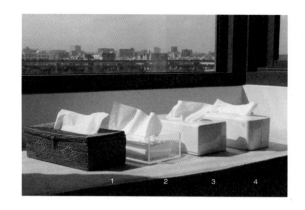

1. 巴厘岛藤编面纸盒
2. 无印良品亚克力面纸盒
3. 莺歌陶瓷面纸盒
4. Tissue.Know 自动弹升面纸盒

用餐之际有它陪伴，从视觉到触感都温润舒坦，和食物食器也搭。

透明亚克力的这只，出自无印良品旗下，是让我赞叹再三的作品。上缘简简单单一块浮板，不仅取放随手轻易，用掉多少一目了然，且重量刚刚好压住面纸、足可一张张轻松抽起。也因样貌简净利落，遂宜书房里工作桌旁使用，同时也时时提醒自己，一如这样的设计，简单明快精准确实一击中的，才是上上工作之方。

陶瓷材质面纸盒，净白亮洁重量敦厚且还防水耐脏，最棒是单纯基本一方外套，不用重新装填、直接扣上就好，频繁更换也不麻烦，天生就该坐镇浴室盥洗台上。

起居室沙发边的"自动弹升面纸盒"，数年前偶然留意到的台湾新创设计，出乎鼓励心情买下。内部设置锁扣与弹簧，可固定并一路推高面纸，可称巧妙贴心。但老实说，比起无印良品简到极致的神来一笔，似还有那么点儿境界上的差距，每回开盒补充用纸时，都忍不住再三玩味设计此事的奥妙与道理。

除旧布新，
桌历

岁末，旧的一年将尽、新的一年正临。年年逢此际，工作桌上定然发生的除旧布新仪式是，阖上、取下辛劳一年的旧桌历，换上一本空白的新年份桌历。

已然想不起究竟持续多久的习惯了，这么多年来，日日工作与生活里，从来少不了桌历的提醒。

当然随时代演进，记录活动、约会、会议以至截稿日、代办事项等事宜的行事历，早早就从手帐移到电脑和手机上了。然而，也许出乎老派人对纸本的眷恋，我还是依赖着桌历。

我用桌历看日期，在空格里标记不可或忘的日子、划注下趟旅行的天数，就连推敲重要工作与文章排程，比起移动鼠标来，宁愿一行行一页页翻看桌历，更觉踏实有序。

也因如此依恋桌历，我对桌历非常挑剔。每近年终，各家馈赠的桌历从四方纷纷寄到时，我都会开开心心感恩珍惜收下，然后开始严选，哪一本，会在接下来的一整年里与我紧密相依。

我喜欢的桌历，形式样貌朴素优雅是必然。毕竟须得三百六十五天晨昏朝夕两相对看，太过缤纷多彩华丽难免易生厌腻，还是温文淡雅细水长流才好。

一年一年不变的桌历

一定要有独立完整的月历页，最好干干净净明白爽朗就光是月日星期表格整齐排列，且有足够空白可以写字画记；些许写意小插图点缀无妨，还多少添些趣味，但万不能有任何大幅照片图像喧宾夺主干扰视觉。

　　体积须得适中，太小难能一目了然、太大又嫌累赘；形状则直式远比横式好，修长灵巧不占空间，对一忙起来便桌上杂物书籍满堆如山的我来说尤其重要。

　　然后，必不可少的是，阳历农历假日节日节庆节气定得通通清楚齐备。虽说这么一来，那些设计时髦美丽气质绝高的进口桌历全得淘汰……但没的商量，桌历是工作与生活必备工具，可不是装饰品，对此当然坚持到底。

　　看似条件标准高如天，但奇妙的是，每年收到的桌历中，总能有一二准确命中；即使偶尔直到年关逼近还无法完全合心满意，正开始有点儿焦虑时，却每常及时天降一本，令人庆幸和桌历果然有缘得遇。

　　只不过近几年，数字时代的必然趋势，桌历使用人口越来越少，寄来的桌历一年比一年零星，我与桌历的遇合也越显艰难。到某年，一路直拖过年底，还是终究向隅。

　　没奈何，只得转而从市售品中找寻。结果，兜了好大一圈，却在家附近学校旁文具店里，几十元价格，买得了一款素面基本款直式桌历。不见任何图片，连封面共八张十六页，两面端端整整光就是表格日期，该有的全数不缺、不该有的一律未见；牛皮纸材质朴拙中透着韵味，好个相见恨晚，正是我要的桌历！

　　于是，再不需等待寻觅，现在，一近年末，我会马上直接添购新的、一模一样的同款桌历。

　　令人不由感叹，简单基本、功能俱全，其实人生里生活里之所欲所求，常常不过就是如此而已。但在这明显太过复杂的此刻世界里，却似乎越来越不容易。

十年如一日，
白色记事本

　　身为念旧之人，恨不能身边所有物件都能一起相依相守到老。但遗憾的是，除了家具与杯盘碗碟锅瓢盆等或可恒长不坏、甚至经久而更显润泽有情味，其余日用物件、衣着文具等消耗品难免会少损会老去会崩朽，难能久长。然出乎恋旧之心，即使换新，也坚持尽量采买用惯了的原来款式，好能持续熟稔相伴如昔。

　　只可惜，这脾性在这时代明显不合时宜，喜新厌旧、过时即弃显然才是此刻这世界的道理规矩。年年月月随时都有新设计新型款新样貌推陈出新，纵然再怎么合心意，一过季，便从此消逝难觅难续。

　　好在可喜还是有些例外，是真的就这么多少年来一路结缘至今不曾移易——比方，无印良品的 A7 双线圈白色记事本。

　　至少十几年了吧！永远手边备存一整摞，慢慢抽着用，写满了就换、用光了就补。

　　回想起来，喜欢上这类型的记事本，始于 2000 年，在现已走入历史的《明日报》任职时。新媒体问世，大手笔印了一批记事本专给记者们用，形式不同于过往常见的左右对开，而是上翻……不愧媒体资深长官们的细心设想，一用便觉惊艳，不仅好拿好握好翻，且不怕圈环卡在中间碍事，无论左写到右、右写到左都顺手流畅。

我的记事本

就这么着迷上手，即使来年，《明日报》不幸轰然倒地，再没记事本可拿，却再回不了头，日后再有添新，也只独钟这式样。

但奇妙的是，样式虽如一，体积却一年年越买越小。毕竟，进入数字时代，记录工具逐年越臻电子化，须得亲手笔记、抄录的内容越来越少，记事本，竟慢慢就这么显得可有可无起来。

但老派如我，怎样也抛不去对手写的依恋。特别旅行时分，采访之外，还日日写下旅记，去了什么地方、看了什么风景、住了哪家旅店、吃了哪道料理、喝了哪款茶咖啡酒……所因而萌生的心情心得思考感发感悟，都一一留存纸上，非记事本不可。

尺寸却免不了逐步递减，从 B6 到 A6 再到 B7……那当口，我邂逅了无印良品的这白色记事本。

A7 尺寸，比过往用过的都小巧，却反觉刚刚恰好，小旅行一本，长旅程两本，区分清晰，事后收纳归类查找清楚便利。最重要的是只手便可盈握，一点不占空间，忙拍照忙赶路时顺手往口袋一插，爽快利落。

半透明塑料材质封面封底，这本是啥那本为谁一目了然，且硬度够当底垫，写起字来扎实可靠。尤爱这极简素雅形貌，以习惯的淡色铅笔写字画记其上，特别合衬配搭。

就这么长长岁月忽忽而过，到现在，已然累积整抽屉密密麻麻满写字迹的记事本，历来工作旅行轨迹尽在此中，每一拉开，都仿佛跌入时光记忆里，回甘回味无限哪！

铅笔人生

十六年前曾经写过一篇文章《我爱铅笔》，那时，从原本的媒体职场退下、成为在家工作者甫数年，从生活方式到心境都有了巨大改变，居家与随身物件器用遂也或多或少有些因应调整。

其中之一，便是将书写工具换成了铅笔。

原本就极爱铅笔。不管是材质由来天然的木头笔身、写画时微妙摩擦感与沙沙声、伴随而来的木质气息，以至笔端流泻而出的灰黑炭色字迹……触觉嗅觉视觉，都比其余笔类来得温暖温润细致有味，用着，总觉心里渐渐踏实安静。

因此，一成自由身，洒脱放开心情下，原本惯用的黑色钢珠笔、原子笔无论长相或笔迹顿时都显得太过截然清晰分明，便自然而然搁下了，除了正式文件、签名以外，日常写字画记，全部改用铅笔。

然后，十六年岁月悠悠而过，这习惯就这么持续至今，不曾改变移易。铅笔，仍旧是我亲密依赖的书写伴侣。

而也和当时一样，虽一往情深若此，却从不曾刻意搜罗过任何名笔好笔。是的，因是最日常寻常的相陪相伴，我一直喜欢的是"最平常"的铅笔。

那些花巧的、缤纷的、华丽的、充满设计感的，看着总觉刺目扎眼、握不上手，

各色铅笔

反是一任净素无华，黑色灰色原木色以至我从小用到大、最最基本款的铭黄外衣金色笔套附带橡皮擦的利百代 88 铅笔，自始至终最得我心。

这些铅笔几乎用不着买，光是四方各处随手抓回来……旅馆里、会议桌上、资料袋里，数十年来累成书桌上抽屉里满满一笔筒一大盒，粗略估算，恐怕直到下辈子也写不尽用不光。

淡泊无华，来得容易，却反而更成日日时时看似平淡却分外安稳安适不能少的相依——是这么多年来，铅笔教会我的，人与物间的另重情致和道理。

爱用铅笔，当然还得削铅笔。一如铅笔，我的削铅笔机同样朴素基本得就是聊备一格而已。如果没记错，应来自学生时代的随手购置，通体漆黑，小小巧巧一掌盈握，宿舍里摆着一点不占空间。

那时，曾经以为终有一天会为自己买下一台、小时候家附近文具店里不知仰望向往多少年的电动削铅笔机。还记得早年曾有同事买了一台摆在办公室里，且非常慷慨大方地欢迎大家一起分享。我总是经常往那儿跑，铅笔一插，哗啦啦几秒钟便削得光滑尖细漂亮，既气派又利落畅爽。

结果，这旧机终究还是就这么一直沿用了下来，然后，一年年越觉这慢腾腾一圈接着一圈、甚至有些吃力的手摇慢削，其实还颇疗愈。

　　也因着实耽溺着铅笔，即使出门也坚持非它不可——方便起见，带的是免削铅笔，笔芯一截截，写钝一枚再抽换一枚，比永远锐利的自动铅笔来要更像铅笔，也更多几分，滔滔奔忙人生里生活里，无论在家在外，都坚持期盼抓牢守住的，属于铅笔的，些许悠悠意趣与温情。

用与无用，
书签

　　说来有趣，书签此物在我的日常生活里占有一席之地，时间其实不长，短短不过十来年而已。

　　个中原因，一来，除了饮食以外，其余生活用品上早习惯尽量俭朴，除非必要，等闲不轻易多添多用，以免负担；其次，长年沉醉阅读，镇日走到哪读到哪，求简求效率，读到未竟处，书页上方边角压个小折以为留记就好，多个书签总觉冗赘，徒生麻烦。

　　当然知道有不少爱书人一心疼惜书册，不愿不忍书上有任何痕损——古早习俗，据说即连失手掉落地上，都还得立刻双手捧起置于头顶躬谨道歉才行，竟然还有胆折页，简直德行有亏大逆不道。

　　但我总认为，书之珍贵在于内容，真正读得通晓透彻永留心上才是重点，纸页纯属载具，不必也不应在表象仪节上拘泥。

　　遂从来还是我行我素，甚至渐渐还养成另一积习：读到共鸣感动热血沸腾处，来不及找笔划记，便直接随手于书页下角再打一折；有时若得遇深心相契折服之书，甚至满本处处皆折，见之莞尔。

　　因之发现此法不仅极是方便，全书读毕后，还能回头照章逐一检点重阅，更觉

形貌各异的书签

有滋有味；遂从此舍笔就折，再回不了头。

就这么任性了好久，从不曾想过有朝一日，竟会开始依赖书签——回想起来，这缘分，应是始于旅行中。

旅途里读书，照说应该更求轻便，更无书签存在之理，一切归因于所下榻旅宿的客房服务：通常来自顶级旅馆或邮轮的细腻举措，对住客放置房内的贴身小物特别留心。比方若有眼镜，便裹上眼镜布；有书，便于书页中插入书签。

特别后者，往往设计极是雅致精美，特别我早年最爱的安缦酒店集团，常以本地材质、图腾元素打造书签，爱不释手之余，一一都带了回来作为纪念。

累积多了，出乎一贯惜物心情，不忍器物闲置寥落，于是尝试取来用用看，渐渐察觉似乎并没想象中费事……首先，至少不再一页里上下都是折痕多生凌乱；而且，多了张好看的书签，也为阅读本身多点染几许美丽心情。

尤其书签多从旅中来，每一瞥见，往日行脚回忆，还有当刻所阅之书里点滴历历，更添意趣。

就此生了好感，不仅日后再得此类馈赠都会重点拣选留用，异国异地书店里若遇有当地风味的书签也会酌情添购。

当然一如既往持守，万不能耽溺，够用就好。至于形式，则因非为刻意收集，由来不一，只能随缘自在，久用下来，也觉长短胖瘦方圆厚薄，传统式、夹式、磁铁式各有味道。

　　刚好我的居家阅读习性，大不同于物上的审慎，欲望甚野甚贪，每常同时开读多本书，尤其工作与生活步调越紧凑忙乱，更加读得越多越杂，故也一一都能派上用场；甚至还可依随书之类型与氛围，搭配气韵合适相称的书签……

　　是长年与物相伴过程里，又一摆荡于"用"与"无用"之间的奇妙际遇，领会咀嚼无限。

仿佛被温暖拥抱

　　此书进入尾声，回头检点内容，绝大多数为食器、厨房工具，少部分为日用生活品，衣着服饰类竟一篇都没有……贴切反映出我的日常关注方向：只管埋头度日吃饭，穿着打扮一点不放心上。

　　然细细想来，唯独有那么一种衣饰之物，是我珍重依赖，时时相伴、无它缺它不可的——那是，Pashmina 披肩是也。

　　Pashmina 是一种以极顶级细致、产于喜马拉雅山区的山羊绒毛精工织成的织品，比丝绢更纤薄轻盈，多半制成披肩形式，100％纯正上好者卷起后甚至可从戒指中央穿过。只要对羊毛织品略熟悉的人，都多多少少对 Pashmina 另眼相待。

　　如果没记错，Pashmina 应是在大约二十几年前开始渐渐为人熟知，当时，还在时尚杂志任职的我，因工作缘故认识了这珍品，轻薄软柔如云，保暖效果却一点不输厚毛衣，让素来最畏寒怕冷的我赞叹频频。

　　只不过，即使大为倾心，买衣从来保守悭吝的我，对那高昂价格委实敬谢不敏，遂也就只是一时新奇，很快便抛诸脑后。

　　但这缘分终究还是到来了。2001 年一趟巴黎之旅，左岸街区巷弄里随兴闲逛当口，偶然撞进了一小巧闲静院落，里头不单有民宅，还藏了一家别致小铺，铺里，

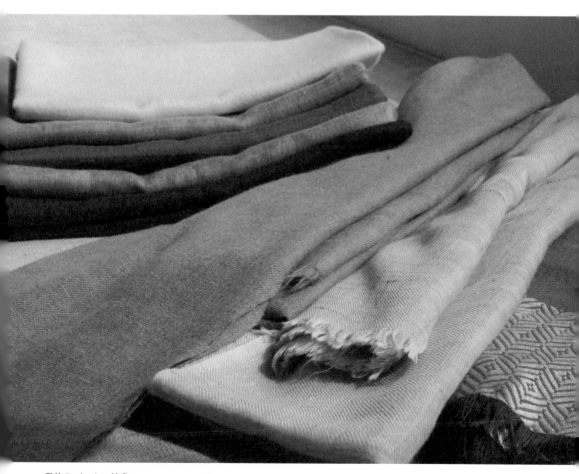

我的 Pashmina 披肩

卖的正是各种 Pashmina。

　　随意拾起一件披肩……这是上品！即使经验不多，但那超乎寻常的既轻软又致密的美妙触感，重重撞击我心。旅行间的冲动任情，即使明知在千山万水之遥的巴黎买这东西实非明智之举，即使一举刷新我的生平衣着购买价格记录，我还是奋勇把它带了回来。

　　当然买贵了。我心知肚明。但现在看来，这笔交易划算极了！这方披肩，不仅一路陪我到现在，十八年来依然如新，且还就此开启了我的眼界，以及我和 Pashmina 难舍难离的紧密联系。

　　那之后，从仲秋到春初，只要外出，Pashmina 几乎不离身，当披肩、围巾、领巾、头巾以至膝毯，仿佛被温暖拥抱般，是我对抗严冬的最佳利器。

　　特别旅行时分最是好用，轻便轻巧、好卷好扎好折好带一点无负担，然御寒效能之卓越，交通工具上甚至还可以当被子盖；遇有宴会或正式餐厅等场合，即使一身净素，有它点缀加持，也能多几分贵气。

　　执着之深，总让我忍不住想起史努比漫画里那永远抱着一张蓝色毯子不放的小朋友奈勒斯……是的，我与我的 Pashmina 就是这么亲密。

痴爱若此，添新却极缓慢。当年热血一战，早把胆子全用光了，从此只敢趁前往印度或周边国家旅行，与原产区接近、相对廉宜之地借机采买。

而一开始就见识了顶尖好货的优点是，从此再难迁就了。等闲街边小铺小摊寻常品都看不上眼，通常得是有些专精的店家才偶有合意，遂意外省钱省心。

其中两件惊喜之遇由来相似：店内走逛一圈，这儿摸摸那儿瞧瞧全不在标准上，摇摇头正准备离开时，看在眼里的老板凑上来一脸端笑："这些都不行吗？其实我还藏着几件更好的，要不要再看看？"

果然一抖出来，面积硕大如被毯，薄若蝉翼、细密亮滑如绢丝，比我的巴黎初恋更上层楼，成为我惜爱非常的随身宝物，伴我隆冬中甚至深雪里暖暖安稳来去，留恋无比。

身不离袋

前文曾提过，有些居家物件，几乎不需自掏腰包，就会自自然然纷纷来到。其中有那么一项，我甚至偏执认为，不只是"不需"，甚至"不应"额外花钱添购。那是，环保购物袋。

长年生活里极度依赖的物事，只要人出门，即使目的非为采买，车上、包包里都必定备妥一只以上，以便随时派上用场。

开始养成这习惯，当然多多少少出乎对生态、对环境的关注，但其实更多缘于多年来与周遭器物相伴相处后，所逐渐涌现的惜物之心。

尤其多年前居家翻修，经历过一次剧烈的断舍离过程，在此前后，对这许多曾经拥有、却无法珍惜而心生厌腻甚至必须舍弃之憾越来越警醒——是的，得与弃之间，无论贵平轻重，点滴皆是负载负担哪！

于是渐渐地，对所有来到身边的物件益发审慎严谨，日用工具器物等闲绝不轻易追新外，即使是日常消耗品，也努力减少用过即弃的比例，尽量选择可多次反复利用者代替。

购物用纸袋塑料袋尤是其一。向来对家里堆积如山的各种"袋"头痛非常，不丢泛滥成灾，丢了总难免多生几分罪恶感；因此早早便痛下决心养成习惯，除非万

不买也用不完的环保购物袋

不得已，否则绝不轻易带"袋"回家。

遂而，随时常备各种环保购物袋……真的一点不用买，光是各方馈赠就已经取用不尽。

对此，还记得好多年前，环保购物袋开始风行当口，某国际时尚品牌大打形象牌，推出限量购物袋，帆布材质、袋身大大字打上"I'm Not A Plastic Bag"字样，价格比该品牌其他正品廉宜许多，刹那轰动一时。

当时，眼见这全球各地疯狂漏夜排队抢购、一袋难求狂潮不免困惑：以环保之名，却衍生更多生产、更多消费，刺激更多购买、更多贪婪……也算这物欲横流时代的怪现象了——至今，时移事往，究竟有多少人还记得、还在使用这只"我不是塑料袋"？

感叹心绪下，就此下定决心，绝对不买任何购物袋。结果十数年下来，还真的只觉太多、从未有缺。

而检点手边所有，较喜欢常用的，大大小小约有七八之数，绝大多数为棉或帆布材质，手感温润且坚固耐用易清洗；形式偏爱有底有边，装盛与置放皆容易。

质地则厚薄兼具，厚者宜于书籍杂志、饮料酱料果物等沉重之物，薄者则可轻轻松松卷折成团放入随身包包里到处带着走；样貌一律低调朴素，以能与各种场合配搭，花色图案含蓄但自有风格或趣味，拎着背着看着都顺眼舒服。

也因这挑剔，较合心意这几只之外，其余大多还是闲置，每每开柜取袋时望见总觉不舍。好在日前意外发现竟有多个组织发起回收循环计划，定点收集多余二手袋，转供有需要者使用。这下，多出的环保袋们终于有了去处和用处，宽心不少。

总是老的好

　　此书结集付梓前夕，问刚刚看过初稿的写乐文化发行人兼总编辑嵩龄，还有没有什么疏漏或可添加篇章？结果他答："也写写厨房里那台微波炉如何？"

　　让我登时莞尔。其实也不过就是一台平凡无奇普通微波炉而已，唯一独特之处只在于：至今已近三十高龄了！因此，每有朋友来访，瞥见这台"古董"总会大表讶异，讶异古早电器的持久耐用，讶异我的不动如山心如止水。

　　但事实上，这祖父级老物件在我家根本一点不算特例，以厨房家电来说，还有同期来家的烤面包机，电饭锅则是直到近年才不得不除役。

　　更别提较无折旧使用年限的餐具壶具杯具锅具厨用工具，以及出了厨房后，家具家饰、文具工具，比这年长的比比皆是。

　　就连被视为个人形象风格品味表征的"门面"：衣服鞋子包包饰品，寥寥数件一用再用，陪伴十几二十年以上也属家常便饭事——所以，比我的微波炉还更常遭人侧目惊奇的，是我的日常随身包，就此一只别无分号，走到哪背到哪，二十年来从未想过换新包。

　　是的。长年谈物写物的我，照理该极勇于求新追新，但真相是，我对旧物却是无比执着耽溺……

用了二十年的日常随身包

都说情人总是老的好，对我而言，身边之物亦如是。

除了碗碟壶杯钵皿因有和各种不同香气口感滋味色泽食饮，以至心绪氛围情境穿插佐搭的必需，遂而虽一样审慎，依然逐年缓慢添新；其余，若是纯粹工具实用之物，只要上手了合意了，就宛若今生认定般，除非坏损到修无可修或另有天大地大原因，否则绝不肯轻易淘汰离弃。

且即便非得换新——虽然在这日新月异时代里似是越来越显落伍艰难，也坚持先朝既有原有型号款式选择考虑。

此中缘由，一者出乎持家上的悭吝：享乐领域里，未圆的需圆的欲望愿想委实太多，阮囊不丰，所有金钱心血精力预算全得花在真正刀口上，一点没必要也没能力在无谓处平白挥霍。

但更重要的是，旧物，让我感觉安静安定、安顿安心。

这么多年来，汲汲贪婪于各种无形体验的我，早就在食物里酒饮茶饮里，还有旅行里书海里，将所有心神气力与热情纵情抛掷燃烧殆尽；于是，回到有形物件上，宁愿只和最熟悉熟稔、且多年来逐渐摩挲累积出深厚默契与情味情致的旧相识相伴相处相依。

不需磨合、不需试探、不需摸索、不需从头适应，自由自在洒脱放开，任性直觉率意如常如昔生活作息起居……

　　仿佛窝在一个舒服得宛若无着无物无挂碍无负担的安稳天地里，人与心定了、静了，才有力气有余裕有空间，在这纷呈大千瑰丽世界里尽情张看、徜徉，同时，自得自乐前行。

猫玩具的逆袭

全书写作即将进入尾声，家中与身边器物之身世故事、情感情致，以及多年累积至今，我之于物的种种思考、省视、感触感发大致交代完毕。

没料到是，就在这当口，生活里的一桩突然变化，竟让前文各篇所谈所述之种种心得和持守，就此几乎全然破功。

——因为，家里来了一只新猫咪。

是一只虎斑米克斯，诞生于 2019 年 3 月末，取名为 miki，男生。和过往曾经一养十八岁、憨厚好静的前只长毛猫小米非常不同，是一只古灵精怪聪明过人、镇日顽皮疯闹四处飞跃冲撞抓咬捣蛋搞破坏的混世魔王。

为了安抚这活泼到几近过动的小兽，我们只得开始帮它找玩具，以消耗明显过剩的精力：

从用以飞奔追逐的各种材质滚球、可扑可拍的不倒翁、手持式钓竿式悬垂式圆盘式电动式逗猫棒逗猫球、飞踢啃咬磨牙专用抱枕、用以练爪子的猫抓柱猫抓板……弄到最后，连客制定做的豪华猫跳台都堂堂搬进家门。

短短时间，精心打造且长年坚守的极简风格居家，就这么一整个化为猫咪的游戏场，满地都是各种各样猫玩具。

说到头，如此泛滥成灾缘故，纯因 miki 对玩具完全捉摸不定且极度喜新厌旧的难缠个性。

　　巴巴儿双手奉上眼前，结果一点不感兴趣的状况所在多有；即便能得猫皇垂青，也往往过了数天到一周的蜜月期后，便立即弃若敝屣。

　　遂而，自认修炼得清明如止水的选物爱物哲学：比方真正有用且派得上用场才肯下手，除非坏损或有缺否则不轻易添新，少、才有余裕与自由，器物总是老的好……遇上 miki 简直全盘失守。没事便在各种在线宠物商场间乱逛狂搜，不断揣摩简直海底针一般的猫喜好猫心意，这买一个那买一件，只要能讨它欢心都好。

　　只剩寥寥几个得能勉强紧抓原则：首先是绝不追高，毕竟每一玩具能否得宠、且能受宠多久委实命运难料，甚至一阵疯狂摧残后支离破碎更是在所难免，故万千不能昂贵太过，可以少点负担与心疼。

　　然后是美感。也许猫咪不懂也不在意，但毕竟是进到家里的东西，自己看着悦目舒服十足重要。遂而，简净外形、素朴颜色为前提，若能材质天然更是上上最佳。

　　多亏此刻设计风潮当道，比起前回养猫，市面上雅致之选竟然还不少……只不过这么一来，难免诱得物欲更加高涨，真不知算好还是不好。

miki 和它的玩具

唯一再次印证：一如人与物，猫与物之缘也是无常。那些设计精致、创意与品味均佳之作，常常竟不如随手揉个铝箔纸球、扔只购物袋甚至几枚葡萄酒塞，反而更令猫儿兴奋热衷开心。

　　当然这兴头也是极短的……所以我想，在 miki 成年稳重以前，这玩具海里的不停追寻，恐怕还是只得如是认命持续下去。

钻进袋子里的 miki

图书在版编目（CIP）数据

日日物事：叶怡兰的用物学 / 叶怡兰著 . — 贵阳：
贵州科技出版社 , 2021.4
ISBN 978-7-5532-0870-1

Ⅰ . ①日… Ⅱ . ①叶… Ⅲ . ①生活 – 知识 – 普及读物
Ⅳ . ① TS976.3-49

中国版本图书馆 CIP 数据核字 (2020) 第 157884 号

日日物事：叶怡兰的用物学
RIRI WUSHI: YEYILAN DE YONGWUXUE

出　　版	贵州科技出版社	
地　　址	贵阳市中天会展城会展东路 A 座（邮政编码：550081）	
网　　址	http://www.gzstph.com	
出 版 人	熊兴平	
选题策划	联合天际·文艺生活工作室	
责任编辑	李　青	
特约编辑	邵嘉瑜	
美术编辑	梁全新	
封面设计	刘彭新	
发　　行	未读（天津）文化传媒有限公司	
经　　销	全国各地新华书店	
印　　刷	雅迪云印（天津）科技有限公司	
版　　次	2021 年 4 月第 1 版	
印　　次	2021 年 4 月第 1 次	
字　　数	200 千字	
印　　张	17.5	
开　　本	710mm×1000mm　1/16	
书　　号	ISBN 978-7-5532-0870-1	
定　　价	78.00 元	

关注未读好书

未读 CLUB
会员服务平台

日日
物事

Those
things
at
Home